Vorwort

Liebe Leserinnen, liebe Leser!

Im August 2008 wurden 40 Leitungskräfte eines Jugendamtsbereichs nach ihren Fortbildungs- und Unterstützungsbedarfen für das Jahr 2009 befragt. Die Antworten sollten die Basis bilden für ein zu erstellendes Fortbildungsprogramm. Am häufigsten wurde – vor allen fachlichen Themen – das Thema Zeitmanagement genannt! Die Wünsche waren meist sehr konkret und machten das große Problem der

---

„Eigentlich bin ich ganz anders,
    nur komme ich so selten dazu."

(Ödön von Horváth)

Zeitknappheit deutlich: Es wurde gebeten um Unterstützung hinsichtlich der eigenen Arbeitsorganisation und des Stressabbaus, um Klärung von Rollen und Zuständigkeiten und der damit verbundenen Abgrenzung, aber auch von konzeptionellen Fragen wie „Müssen wir wirklich alles bieten – und alles in höchster Qualität?"
Der Begriff Zeitmanagement suggeriert, es könne einen Zustand geben,

in dem wir die Zeit beherrschen, anstatt die Zeit uns. Seminare und Ratgeber behandeln das Thema in der Regel, indem sie allgemeine Tipps und Tricks für eine gute Wochenplanung, die Eliminierung von Zeitfressern oder das sinnvolle Delegieren und Systematisieren vermitteln. Diese Herangehensweise macht ein ernst zu nehmendes Bedürfnis deutlich, ist jedoch nach meinen Erfahrungen zu kurz gedacht. Denn auffällig ist, dass die einzelnen Tipps zwar von manchen Menschen umgesetzt werden können, andere jedoch nicht erreichen. Nicht nur, dass sie für einige nicht realisierbar sind, sie verstärken sogar noch das Gefühl der Inkompetenz oder Überforderung: „Selbst diese so einleuchtend und einfach klingenden Ratschläge funktionieren bei mir nicht! Ich bin wahrscheinlich ein hoffnungsloser Fall!"
Zweifellos kann die Einübung von Zeitspar-Tipps sinnvoll sein. Allerdings ist hierbei – wie in der pädagogischen Arbeit auch – zu berücksichtigen, dass nicht für jeden Persönlichkeitstyp die gleichen Lernziele gelten können: Während die eine Leiterin vielleicht dazu neigt, sich zu verzetteln, weil sie gerne gründlich alle Details prüft und nichts dem Zufall überlässt, neigt die andere dazu, die Dinge aus dem

Bauch heraus zu entscheiden und schnell umzusetzen, um dann festzustellen, dass sie besser daran getan hätte, im Vorfeld ein bisschen Zeit für die Planung aufzuwenden. Die eine ist eben der „Sicher-ist-sicher-Typ", die andere der „Mut-zur-Lücke-Typ". Beide haben bezüglich ihres Zeitmanagements unterschiedliche Lernziele. Zeitmanagement-Tipps sind also unbedingt zu individualisieren.
Um der Vielschichtigkeit des abstrakten und höchst subjektiven Begriffs „Zeit" gerecht zu werden, bedarf es außerdem einer Erweiterung um kulturelle, soziale und konzeptionelle Dimensionen. Ich versuche in diesem Heft – und in einem weiteren geplanten, das vor allem das Team in den Blick nehmen wird – der Vielschichtigkeit des Themas gerecht zu werden und eine Bandbreite an Erkenntnissen und Anregungen sowie eine Auswahl an Möglichkeiten zu vermitteln, die Sie für sich ausprobieren können. Zu erwähnen ist an dieser Stelle, dass eine professionelle Unterstützung in Form von Leitungscoaching dabei hilfreich sein kann, individuelle wie institutionelle Muster des unproduktiven Umgangs mit der kostbaren Ressource Zeit aufzudecken und Lösungen zu erarbeiten.
Daneben soll nicht unerwähnt bleiben, dass hier auch die Träger von

Kindertageseinrichtungen eine große Verantwortung haben. In Deutschland ist mancherorts der Erzieher-Kind-Schlüssel doppelt so hoch wie von der OECD empfohlen, wodurch die Freistellung der Leitung oftmals eine theoretische bleibt, Delegation von Leitungsaufgaben nur schwer zu praktizieren ist usw. Mit der Betrachtung dieser Verantwortungsebene stellt sich bereits die erste Frage Ihres effektiven Zeitmanagements: Sie müssen entscheiden, ob Sie auf Veränderungen seitens des Trägers warten oder im Rahmen Ihrer Möglichkeiten aktiv werden möchten. Ich bin davon überzeugt, dass es Ihnen – und damit auch Ihrem Umfeld – im zweiten Fall besser geht! Darüber hinaus können Sie jede Gelegenheit nutzen, um eine grundsätzlichere Veränderung bestehender Strukturen zu bewirken, denn das eine schließt das andere nicht aus. Fahren Sie – in Ihrem eigenen Interesse – also möglichst zweigleisig. Und: Fangen Sie am besten noch heute an! Womit Sie beginnen, spielt dabei keine Rolle. Es funktioniert nach dem Mobile-Prinzip: Jedes Rühren an einem Element bringt das ganze System in Bewegung. Oft genügen schon kleine Veränderungen.

Ich wünsche Ihnen viel Spaß bei der Lektüre und gutes Gelingen Ihrer Umsetzungsschritte!

Ihre
Viva Fialka

Die Autorin

Viva Fialka ist Dipl.-Sozialpädagogin mit Ausbildungen in personenzentrierter Beratung, Psychodrama, Organisationsberatung und systemischem Coaching. 12 Jahre Führungserfahrungen erwarb sie als KiTa-Leiterin, Fachberaterin und Abteilungsleiterin im Jugendamtsbereich, bevor sie 2001 mit sechs weiteren BeraterInnen und FortbildnerInnen die „abari personal- und organisationsentwicklung" gründete. Sie begleitet Veränderungs-, Konzeptions-, Team- und Qualitätsentwicklungsprozesse im Bildungsbereich, qualifiziert Führungskräfte und unterstützt bei der Einführung von Führungsinstrumenten (z. B. Zielvereinbarungsgespräche, Führungsfeedback).

Inhalt

1. Hintergründe und Wissenswertes

1. Die psychische Uhr

Als Kinder lernten wir, dass Zeit das ist, was mit der Uhr gemessen wird. Irgendwann fiel uns dann auf, dass es Menschen gibt, für die jeder Tag ein paar Stunden zu kurz ist, und andere, die offenbar endlos viel Zeit haben. Zeit scheint zwar eine messbare Größe zu sein, es gibt aber offenbar große subjektive Unterschiede in der Wahrnehmung der Dauer einer Situation. Zeit kann „schnell vergehen" oder „stehen bleiben".

Eine Stunde vergeht schneller, als die meisten Menschen glauben. Testpersonen schätzten unter normalen Bedingungen nach durchschnittlich 67 Minuten, dass nun eine Stunde vergangen sei. Bei längerem Fernhalten von äußeren Anhaltspunkten (z. B. Tageslicht) wird die Schätzung immer abweichender. So unterschätzten Testpersonen nach einer Woche Aufenthalt in einer Isolationszelle die Dauer einer Stunde um durchschnittlich 50 Prozent, d. h. erst nach 1 Stunde und 28 Minuten nahmen sie an, dass eine Stunde vergangen sei (vgl. Levine 2003).

Die Verlangsamung der Zeit

Die Subjektivität des psychischen Zeitmessers ist nicht immer ein Fehler (schlechtes Zeitgefühl). Vielmehr kann die „Verlangsamung der Zeit" auch eine bewusste Strategie darstellen, um die Ereignisse zu kontrollieren.

Beispielsweise ist für einen buddhistischen Mönch der Moment Ewigkeit, er ist „von der Zeit befreit". Eine wesentliche Übung des Zen-Buddhismus ist es, die Wahrnehmung so auf das Hier und Jetzt zu konzentrieren, dass die Zeit stehen zu bleiben scheint. Profi-Tennisspieler beschreiben das Phänomen, dass sie den gegnerischen Ball im Zeitlupentempo auf sich zukommen sehen und das Gefühl haben, jede Menge Zeit für die Planung ihres eigenen Schlags zu haben.

Die Fähigkeit, Zeit zu dehnen, kann auch durch Suggestion hergestellt werden. So wurde Testpersonen in tiefster Entspannung suggeriert, der Gegenwart die Ausdehnung zu erlauben und die Vergangenheit und Zukunft aufzufordern, sich zu entfernen. Die Anweisungen führten zu einer drastisch gesteigerten Versunkenheit in den gegenwärtigen Moment, die sich in Sprache, Gefühlen, Denkprozessen und der sensorischen Aufnahmefähigkeit dieser Menschen bei quasi jeder Aufgabe, die man ihnen stellte, ausdrückte.

Langsam vergehende Zeit ist jedoch nicht immer ein Geschenk. Sinkt das Tempo der Zeit unter das „optimale Erregungsniveau" ab, stellt sich Langeweile ein. Ihre Kennzeichen sind völlige Interesselosigkeit und, daraus folgend, das Fehlen jeglicher Energie, um sich Anreize zu verschaffen. Wie kommt es, dass die Verlangsamung der Zeit einmal als stärkende und ausgleichende Erfahrung und ein anderes Mal als quälende Belastung empfunden wird? Der Unterschied wird der Kontrolle zugeschrieben. Im Falle der Buddhisten oder der Sportler ist die Kontrolle vorhanden, die innere Wahrnehmung zu steigern durch Verlangsamung der Wahrnehmung der äußeren Welt. Im Falle der Langeweile verlangsamt sich auch die innere Wahrnehmung, die Zeit „kriecht" – sowohl in der inneren wie in der äußeren Welt.

Einflüsse auf die innere Uhr

Fünf Faktoren beeinflussen die Wahrnehmung der Dauer. Allerdings gibt es gewaltige individuelle und kulturelle Unterschiede in der Interpretation dieser Faktoren.

- *Angenehme Erfahrungen:* Schöne Momente vergehen unserem Gefühl nach schneller als unangenehme Situationen. Aber erfolgreiche Momente kommen uns im Nachhinein länger vor als Momente des Versagens.
- *Grad der Dringlichkeit:* Bei einem sehnlichen Kinderwunsch scheint die biologische Uhr einer 38-jährigen Frau schneller zu ticken als ohne diesen. Auf der Fahrt ins Krankenhaus nach einem Unfall scheinen alle Ampeln länger als sonst auf Rot zu stehen, die Fahrt scheint sich unendlich hinzuziehen.
- *Grad der Aktivität:* Dies ist ein stark kulturell geprägter Faktor. In unserer Kultur verkürzt Aktivität das Warten auf ein Ereignis. Hintergrund ist der hohe Wert des Aktivseins. Untätigkeit ist für uns verlorene Zeit, während im Gegensatz dazu Menschen aus fernöstlichen Kulturen Meister sind im Warten auf den richtigen Augenblick. Der vietnamesische Zen-Meister Thich Nhat Hanh sagt dazu: „Oft sagen wir uns: ‚Sitz nicht so rum, mach doch was!'. Wenn wir Bewusstheit üben, entdecken wir jedoch etwas Außergewöhnliches. Wir merken, dass uns das Gegenteil vielleicht eher hilft: ‚Mach nicht so rum, setz dich nieder!'" (Thich Nhat Han 2007).
- *Abwechslung:* Mangel an Abwechslung ist die Grundkomponente der Langeweile. Die Amerikaner, aber auch wir, sind Meister geworden in der Abwehr von Langeweile durch ständig wechselnde Moden, Autos, Vergnügungsparks, Erlebnisgastronomie, Zappen beim Fernsehen ... (Zappen hilft allerdings nur denjenigen, denen es nicht um die Inhalte geht; für die anderen kehrt sich der Effekt um).
- *„Zeitfreie" Aufgaben:* Ein wichtiger Faktor für das Zeitgefühl ist die Frage, ob wir derzeit mehr mit der linken (der logischen, verbalen, analytischen, mathematischen, ordnenden ...) oder der rechten (der nonverbalen, intuitiven, ganzheitlichen, musisch-kreativen ...) Gehirnhälfte arbeiten. Die linke orientiert sich eher in der Zeit, die rechte eher im Raum. Ins Spiel versunkene Kinder befinden sich völlig außerhalb der Zeit, ebenso Musiker, Tänzer, Maler ... Dieser Effekt wird als „Flow" beschrieben, als völliges Aufgehen in einer Tätigkeit, das große Glücksgefühle freisetzt; das Ende eines Flows wird als „Auftauchen aus einer anderen Welt" empfunden.

2. Umgang mit Zeit in anderen Kulturen

Die haben ein völlig anderes Zeitgefühl!" Das empfinden wir mit schöner Regelmäßigkeit, wenn wir Urlaub in einem anderen Land machen. Dies ist jedoch nicht nur unser subjektiver Eindruck. Der Psychologe Robert Levine von der California State University in Fresno hat mit seiner Forschungsgruppe eine Reihe von Zeitstudien in 31 Ländern durchgeführt und bestätigt die Erfahrung der Urlauber: Andere Länder andere Zeitsitten.

Die Wissenschaftler beobachteten in den Großstädten der jeweiligen

Länder die Gehgeschwindigkeit der Passanten und stoppten, wie schnell Postbeamte eine Briefmarke verkaufen. Zudem interessierten sie sich für die Genauigkeit der öffentlichen Uhren: Sie verglichen sie mit der Telefonansage. Als das „schnellste" Land stellte sich die Schweiz heraus. Auf Platz zwei landete Irland, gefolgt von Deutschland und Japan. Die hintersten Plätze belegten Länder, in denen Uhren keine besondere Bedeutung haben, z. B. Mexiko, wo Menschen, die sich allzu genau nach der Uhr richten, ein regelrechtes Ärgernis darstellen, oder Brasilien. (Eine andere Studie hat übrigens die Brasilianer als weltweit zufriedenstes Volk ausgemacht. Gibt es hier womöglich einen Zusammenhang?) Levine und seine Kollegen fanden fünf Faktoren, die entscheiden, wie schnell oder langsam das Lebenstempo in den verschiedenen Kulturen ist:

- *Wohlstand:* Je reicher das Land, desto schneller das Tempo. Dabei beeinflussen sich Wohlstand und Tempo gegenseitig.
- *Grad der Industrialisierung:* Je entwickelter ein Land ist, desto weniger Zeit haben seine Bewohner. Die Ironie der Moderne: Je mehr zeitsparende Maschinen, umso weniger Zeit haben die Menschen, die mit ihnen arbeiten. Levine erklärt sich dies mit einer Steigerung der Erwartungen.
- *Einwohnerzahl:* Je größer die Stadt, desto schneller gehen und arbeiten die Menschen. Bevölkerungsdichte stellt einen Stressfaktor dar, der zu größerer Unruhe und Getriebensein führt.
- *Klima:* Je höher die Temperaturen, desto langsamer das Lebens- bzw. Arbeitstempo. Der Zusammenhang ist jedoch strittig: So wird der Energiemangel bei Hitze als Erklärung gesehen, aber unter Umständen auch die Tatsache, dass die Menschen in heißen Ländern weniger an Kleidung, an Ausstattung ihrer Häuser usw. brauchen. Auch eine Veränderung der Werte durch mehr Lebensfreude könnte ein Grund sein.
- *Individualismus:* Nach Levines Forschungen sind Länder mit individualistischen Werten stärker leistungsorientiert als Länder mit intakten Gemeinschaften. Z. B. im westafrikanischen Burkina Faso gibt es keine „verschwendete Zeit". Dort wäre es „Verschwendung", wenn nicht sogar „Sünde", wenn man für seine Mitmenschen nicht ausreichend Zeit hätte (vgl. Levine 2003).

3. Trends im Umgang mit der Zeit

Obwohl unsere Lebenserwartung ständig steigt und wir, so gesehen, eigentlich für alles viel mehr Zeit haben als früher, ist unser heutiges Leben geprägt von Beschleunigung: Das Abitur wird schon nach der 12. Klasse gemacht, der Bachelor verdichtet das Studium, unsere Autos werden immer schneller, Hochgeschwindigkeitszüge bringen uns in Nullkommanichts in die nächste größere Stadt, elektronische Check-ins am Flughafen, Bankautomaten, Drive-ins und Drive-throughs ersparen uns Warteschlangen am Schalter, Krankenhäuser werden uns zwei Tage nach der Operation schon wieder los, Fastfood feiert hohen Absatz, Powernap ersetzt den Mittagsschlaf, DSL und Homebanking, E-Mail und SMS helfen uns, Zeit zu sparen ... Und dennoch ist es ebenso ein gesellschaftlicher Trend, über Zeitmangel zu klagen!

Wir leben in einer Kultur, in der das Klagen über zu viel Arbeit und zu wenig Zeit, um diese Arbeit bewältigen zu können, dazugehört. Oder wie hört es sich an, wenn eine Führungskraft gefragt wird, wie es ihr beruflich geht, und sie antwortet: „Ach, prima! Ich komme zu den wichtigen Dingen, die Routineaufgaben habe ich weitestgehend delegiert oder systematisiert, der Freitagnachmittag gehört meinen längerfristigen Zielen ... Stress lasse ich nicht aufkommen!"

Mal ganz ehrlich: Welche Führungskraft sehen Sie vor Ihrem geistigen Auge? In welchem Bereich arbeitet sie wohl? Hat sie ein bestimmtes Alter, wie sieht sie aus? Und wie bewerten Sie die Aussage? Finden Sie sie überzeugend, beneidenswert oder reagieren Sie ungläubig, werten sie ab?

Eine solche Aussage ist eher von einer Führungskraft in den letzten fünf Jahren ihrer Berufstätigkeit zu hören, jedoch meist nicht ohne die Rechtfertigung, sie habe früher so viel geschafft, jetzt reibe sie sich nicht mehr auf. Das sollen jetzt Jüngere tun! Wichtig ist offenbar, darauf hinzuweisen, dass man wenigstens in der Vergangenheit ein Mensch war, der sich bis zur Belastungsgrenze angestrengt hat und deshalb heute einen stressfreieren Alltag verdient hat.

Immer geht es uns Deutschen um die Frage, ob es erlaubt ist, einen stressfreien beruflichen Alltag zu haben. Ich kenne eine Reihe von Führungskräften, die sich erst durch das Dauer-Gestresstsein wichtig fühlen und nicht wirklich etwas daran ändern wollen bzw. glauben, daran nichts ändern zu können. Meist ist dies ein sehr unbewusstes Muster, das korreliert mit der gesellschaftlichen Anerkennung bestimmter Aufgaben. In unserer Gesellschaft verhilft vielleicht die Anstrengung, die erbracht wird, zu Anerkennung. Auch bei Müttern ist dieses Phänomen zu beobachten: Erst wenn der Alltag mit Kindern richtig anstrengend ist, kann eine Mutter hoffen, in ihrer Tätigkeit anerkannt zu werden. Wie kommt es schließlich an, wenn sie abends erzählt, sie habe einen entspannten, lustigen Tag mit ihren Kindern gehabt, während ihr Mann die Brötchen verdient hat?!

Nicht umsonst lautet ein deutsches Sprichwort, mit dem viele von uns aufgewachsen sind: „Erst die Arbeit, dann das Vergnügen!" Und wenn es viel Arbeit gibt – und irgendwas ist immer zu tun –, bleibt das Vergnügen eben auf der Strecke. Es wäre interessant, zu überprüfen, ob es ähnliche Sprichwörter in anderen

Kulturen gibt. Auch sagt man von den Deutschen, sie lebten, um zu arbeiten. Anderen Völkern wird nachgesagt, sie arbeiteten, um zu leben (vgl. dazu auch Kap. 1.2).

Trends in Zeitmanagement-Modellen

Wenn Sie die Fülle an Literatur zum Thema Zeitmanagement und die Erscheinungsdaten der Bücher betrachten, werden Sie feststellen: Alle paar Jahre wird aufgrund von mehr oder weniger wissenschaftlich erhobenen Beobachtungen und Analysen eine neue Sichtweise „ausgerufen", deren Ansätze und markige Schlagworte dann kreativ vermarktet werden:

> Es gibt nicht *das* alleinig richtige und funktionierende Konzept, sondern das für Sie und Ihre Situation richtige liegt in der passenden Kombination der verschiedenen Elemente.
> Suchen Sie sich aus jedem Konzept das heraus, was Ihnen in Ihrem Kontext geeignet erscheint!

Unter gutem Zeitmanagement wird verstanden, ...

- ... möglichst viele Aufgaben in möglichst kurzer Zeit zu erledigen. Die Dinge „richtig" tun (statt die „richtigen" Dinge tun)! Schlagwort: *Effizienz.*

- ... dass am Ende das Richtige rauskommt. Das Entscheidende bei der Aufgabenerledigung ist, ob die erwünschte Wirkung erzielt wird: Die „richtigen" Dinge tun (statt die Dinge „richtig" tun)! Schlagwort *Effektivität.*

- ... dass die eigenen Potenziale optimal eingesetzt werden und sich die Persönlichkeit entfalten kann. Schlagwort *Potenziale.*

- ... dass das Gleichgewicht zwischen Beruf und allen anderen Lebensbereichen (z. B. Gesundheit, Beziehungen) stimmt. Schlagwort *In-Balance-Sein.*

- ... dass es – wie im Orchester – synchron verläuft zwischen den beteiligten Menschen, die zusammenwirken. Schlagwort *Synchronisation.*

2. Ihr individuelles Zeitmanagement

1. Wie füllen Sie Ihren Zeitcontainer?

Im Zeitmanagement-Seminar beginne ich gerne mit folgendem anschaulichen und eindrucksvollen Experiment:

Stellen Sie sich die Ihnen zur Verfügung stehende Zeit als einen zu füllenden Container, z. B. als ein *gläsernes Windlicht*, vor. Sieht man von der sehr unterschiedlichen und meist nicht vorsehbaren Lebenserwartung ab, ist nichts so gerecht verteilt auf der Welt wie die Zeit: Ihr Zeitcontainer ist genauso groß wie der der Bundeskanzlerin, wie der des Dalai Lama oder der von Barack Obama, und auch Maria Montessori hatte die gleiche Zeit zur Verfügung, nämlich 365 Tage im Jahr mit jeweils 24 Stunden!

Stellen Sie sich als nächstes Ihre in dieser Zeit zu erledigenden beruflichen und privaten Aufgaben als Steine vor:

- Die wenigen ganz großen, nennen wir sie *Urgesteine* – das sind Ihre langfristigen Lebensperspektiven und Ziele. Vielleicht ahnen Sie ja, dass noch mehr in Ihnen steckt, als Sie bisher leben konnten: Evtl. möchten Sie sich gerne in der Elternberatung weiterbilden oder ziehen einen Wechsel in die Fachberatung in Erwägung, würden gerne umziehen ...?

- Und dann die mittleren, nennen wir sie *Schmucksteine* – das sind die mittelfristigen, in den nächsten Monaten anstehenden Aufgaben: Vielleicht ein Sprachförderkonzept zu erarbeiten oder bezüglich der Kooperation mit der Schule weiterzukommen, die KiTa in Richtung Familienzentrum weiterzuentwickeln ...

- Dann sind da tausend *kleine Steine*, der *Kies* – das sind die anstehenden kurzfristigen Aufgaben wie die Planung von Ausflügen, die Organisation von Umbauten, die Vorbereitung der Teamsitzung ...

- Und am Ende ist da noch ein Sack, gefüllt mit Abertausenden von *Sandkörnchen* – das sind die Routineaufgaben des Alltags: die vielen zu schreibenden Briefe, die Telefonate und Tür- und Angelgespräche, Büroarbeiten und Abstimmungsgespräche, Dienstplangestaltung und Urlaubsregelungen ...

Frage:
Angenommen, Sie wollten so viele verschiedene Steine wie möglich in das Windlicht bekommen, wie würden Sie vorgehen? Würden Sie mit dem Sand anfangen und dann immer größere Steine hinzugeben, oder umgekehrt: erst die großen Steine und dann immer kleinere? Probieren Sie es aus!

Ein häufig vorzufindendes Zeitmanagement-Modell von KiTa-Leiterinnen sieht so aus, dass ihr Zeitcontainer gut gefüllt ist mit Tausenden von klitzekleinen Routine-Sandkörnchen, durchsetzt von Aufgaben-Kies. Versuchen Sie mal, in eine dicke Schicht Sand Schmucksteine oder gar Urgesteine zu füllen! Sie werden merken, dass das nicht mehr geht. Stellen Sie sich umgekehrt vor, dass Sie Ihr Urgestein und Ihre Schmucksteine in den Container gelegt haben und nun Kies und Sand dazugießen. Beides findet immer noch eine Nische, vor allem der Sand!

Was heißt das?

Planen Sie zunächst Zeitblöcke für Ihre lang- und mittelfristigen Aufgaben und Ziele ein und gruppieren Sie dann die Alltagsroutine darum herum! Ist Ihre Zeit erst mal mit Kleinkram ausgefüllt, finden die großen Dinge des Lebens keinen Raum mehr. Die Strategie „Wenn dann noch Zeit bleibt, kümmere ich mich um die Konzeption" oder „Wenn nichts dazwischenkommt, gehe ich auf die Fortbildung" oder „Wenn wir in der Teamsitzung nach Erledigung des Organisatorischen noch Zeit haben, sprechen wir über die Kinder" lässt die großen Themen – und das sind in der Regel ausgerechnet die mit Herzblut – ins Hintertreffen geraten und macht Sie unzufrieden.

Sicher kennen auch Sie das Phänomen: Meist im Urlaub oder bei längerer Krankheit – wenn wir also Distanz zum Alltag gewinnen – gelingt uns die Reflexion dessen, was unser Leben ausmacht. Und nicht selten kommen wir dann zu der frustrierenden Erkenntnis, vom Alltag allzu sehr „aufgefressen" zu werden und das, was wir uns für dieses Jahr vorgenommen hatten, mal wieder vernachlässigt zu haben. Deshalb setzen viele Zeitmanagementseminare und -bücher beim Thema „Management der eigenen Ziele" an und benutzen hierfür den Begriff „Selbstmanagement".

Analyse der eigenen Aufgaben

Ein von Lothar Seiwert (2006) entwickeltes und sehr effektives Instrument des Selbstmanagements ist die Analyse der eigenen Aufgaben nach

- Wichtigkeit, d. h. langfristig von großer Bedeutung für die Weiterentwicklung von Kindern, Personal, Einrichtung ... (die großen Steine) oder
- Dringlichkeit, d. h. kurzfristig oder termingebunden erforderlich (Kies und Sand).

A-Aufgaben sind die wichtigen, aber nicht so dringenden Aufgaben, z. B. Erstellung und Weiterentwicklung der Konzeption, Kooperationspflege, Evaluationen, Fortbildung, Prozessoptimierung ... Für sie sollten Sie 20% Ihrer wöchentlichen Arbeitszeit einplanen.

B-Aufgaben sind diejenigen, die wichtig und dringend zugleich sind. Sie drängen sich auch ohne Planung auf und sind meist unvorhersehbar, z. B. Krankheiten, Krisen, Unfälle ... Veranschlagen Sie hierfür weitere 20% Ihrer Arbeitszeit, um nicht ins Schleudern zu kommen.

Aufgaben-Analyse

	nicht dringend	**dringend**
wichtig	**Meine A-Aufgaben** (Persönliche und Einrichtungsziele) *20% der Wochenarbeitszeit*	**Meine B-Aufgaben** (Unvorhersehbares, Krisen ...) *20% der Wochenarbeitszeit*
nicht wichtig		**Meine C-Aufgaben** (Routine, Alltagsgeschäft, Bürokratie ...) *60% der Wochenarbeitszeit*

C-Aufgaben sind die dringenden, aber weniger wichtigen Routineaufgaben, z. B. Anfragen, Bestellungen, Büroarbeit, Telefonate, Tür- und Angelgespräche, Anträge ... Planen Sie hierfür nicht mehr als 60% Ihrer Arbeitszeit ein.

Tipps zur Umsetzung

Erfahrungsgemäß investieren Leitungskräfte in KiTas eher zu viel Zeit in C-Aufgaben (Kies und Sand) zulasten der A-Aufgaben (große Steine): Regulieren Sie dieses Missverhältnis durch Delegation und Systematisierung von C-Aufgaben! Und lassen Sie sich durch B-Aufgaben nicht aus dem Gleichgewicht bringen, weil Sie diese für vermeidbar halten und keine Zeit dafür unverplant gelassen haben. Machen Sie bei weder wichtigen noch dringenden Aufgaben mehr als bisher vom Papierkorb Gebrauch. Der Papierkorb ist hier wörtlich, aber auch im übertragenen Sinn zu verstehen: Sagen Sie „Nein!" – freundlich, aber ohne langes Lavieren. Und entscheiden Sie sich gleich: „Brauche ich das oder brauche ich es nicht?" (z. B. Firmenprospekte, Rundschreiben ...).

Setzen Sie Ihre Prioritäten anhand der Tabelle auf Seite 9. Listen Sie erst alle Aufgabenblöcke auf und ordnen Sie sie dann den A-/B-/C-/Papierkorb-Aufgaben zu. Ziehen Sie ein Fazit: Wo ist Ihr Handlungsbedarf?

Reflexion „A-Aufgaben"

■ Was sind meine A-Aufgaben in der Funktion, die ich zur Zeit ausübe?

_____

_____

_____

_____

_____

■ Was werde ich ab sofort tun, um jeden Tag mindestens an einer A-Aufgabe zu arbeiten oder wöchentlich einen längeren Zeitblock dafür einzuplanen?

1. _____

_____

2. _____

_____

3. _____

_____

■ Was werde ich mit der Zeit tun, die ich durch konsequente Prioritätensetzung und entsprechende Erledigung meiner Aufgaben gewinne?

_____

_____

_____

_____

_____

_____

2. Die wichtigsten Empfehlungen für Ihr Zeitmanagement

- *Setzen Sie Prioritäten,* indem Sie zwischen wichtigen und dringenden Aufgaben unterscheiden. Seiwert (2006) führt dazu aus, dass B-Aufgaben, die sowohl dringend als auch wichtig sind, sofort in Angriff genommen werden müssen. A-Aufgaben von hoher Wichtigkeit, aber geringerer Dringlichkeit sollen terminiert und C-Aufgaben schließlich weitgehend delegiert oder systematisiert werden (vgl. Kap. 2.1).

- Seien Sie eine Führungskraft, die diese Bezeichnung verdient, d. h. *führen Sie* anstatt sich im alltäglichen operativen Geschäft (C-Aufgaben!) zu verzetteln oder Besprechungsmarathons vorzubereiten und durchzuführen, die sich dadurch auszeichnen, dass „viele hineingehen und wenig herauskommt"! Erkennen Sie, wann ein Pferd tot ist, und füttern oder reiten Sie es nicht tagtäglich aufs Neue vergebens! Das heißt z. B.: Wärmen Sie nicht immer wieder die Klage über die geringe Teilnahme an Elternabenden auf, sondern verabschieden Sie sich von dieser offensichtlich nicht bedarfsorientierten Form der Elternarbeit. Entwickeln Sie eine neue, bessere!

- Planen Sie Zeit für die *Weiterentwicklung und den Ausbau von Fähigkeiten* ein, die in Ihnen stecken. All das sind wichtige A-Aufgaben. Warten Sie nicht, bis sie dringend werden, weil Sie nicht mehr können! Belegen Sie Kurse oder Seminare, lesen Sie Fachliteratur und suchen Sie dazu den Austausch.

- *Leisten Sie sich ruhige Stunden* pro Woche und das bewusst. Freuen Sie sich auf eine Zeit, die nicht verplant ist, sondern in der Sie das tun, was Ihrem momentanen Bedürfnis entspricht. Planen Sie diese Stunden zu einer Zeit ein, in der Sie möglichst nicht mit äußeren Zwängen konfrontiert werden, z. B. immer am Freitagnachmittag 1–2 Stunden.

- Erledigen Sie auch *„zeitfreie" Aufgaben* (vgl. Kap. 1.1). Mihaly Csikszentmihalyi bezeichnet das Versunkensein in eine kreative Tätigkeit, über die man die Zeit vergisst und die Glücksgefühle freisetzt, als „Flow" (vgl. dazu sein wunderbares Buch: „Flow im Beruf"). Das könnte für Sie vielleicht die Gestaltung des Layouts der Konzeptionsschrift sein, die Kontaktpflege im Netzwerk oder …?

- Achten Sie auf Ihre *biologischen Grenzen* und gehen Sie fürsorglich mit sich um: Ernähren Sie sich gesund, treiben Sie Sport, gönnen Sie sich ausreichend Schlaf, gehen Sie regelmäßig in die Natur, machen Sie Entspannungsübungen …

- Führen Sie *nur einen Kalender,* in dem Sie Dienstliches und Privates vermerken und den Sie immer dabeihaben, wie Schlüssel, Geldbeutel, Handy. Nur so stellen Sie sicher, dass die verschiedenartigen Anforderungen im Einklang sind (Stichwort „Work-Life-Balance").

- Wählen Sie *günstige Zeiten* für Arztbesuche oder Behördengänge.

- *Seien Sie undogmatisch, statt auf Prinzipien zu beharren:* Wägen Sie im Widerstreit stehende Werte zugunsten Ihrer inneren Balance gegeneinander ab. Fragen Sie sich z. B., ob es nicht mal eine Backmischung statt des selbst gebackenen Kuchens fürs Sommerfest tut. Gegen ein schlechtes Gewissen hilft der Gedanke: Wer es schwer hat, muss es sich leicht machen!

- Beherzigen Sie bei Ihrer Freizeitplanung: *Weniger ist mehr!* Tanzen Sie nicht auf zwei Festen an einem Abend, sondern entscheiden Sie sich! Und wenn die Jubiläumsfeier im Rathaus zur gleichen Zeit wie der Nikolausbesuch in der KiTa stattfindet? Auch hier gilt: Seien Sie lieber bei einem Event voll und ganz präsent und nicht bei zweien halb und gehetzt. Prioritätensetzung reduziert Stress wesentlich!

- Sie müssen nicht alles selbst machen: *Holen Sie sich Hilfe!* Überlegen Sie, welche Mitarbeiterin für welche Ihrer Aufgaben kompetent ist oder daran wachsen könnte und möchte. Delegieren Sie noch mehr als bisher! Fördern Sie dadurch Ihre Mitarbeiterinnen und schaffen Sie sich selbst dadurch Freiräume für Wichtigeres! Fragen Sie sich: „Muss es sein?", „Muss es so sein?", „Muss ich es sein?", „Muss es jetzt sein?" Und machen Sie sich klar: Eine gute Führungskraft ist diejenige, die auch mal ein paar Wochen fehlen kann!

- *Übernehmen Sie Verantwortung für sich selbst!* Stehen Sie zu Ihren Entscheidungen und seien Sie ehrlich zu sich selbst: Wenn Ihnen eine Aufgabe so wichtig ist, dass Sie sie nicht delegieren möchten, dann jammern Sie nicht darüber, keine Zeit zu haben! Sagen Sie sich: „Ich will das auch so!" Das fühlt sich wesentlich besser an, als sich zu sagen: „Ich muss ..."
- *Klären Sie Ihre Rolle!* Machen Sie sich klar, wofür Sie als Leiterin verantwortlich sind und wofür nicht. Sie sind z. B. für die Entwicklung von Qualitätsstan-

---

> Die Bandbreite dessen, was wir denken und tun, wird von dem begrenzt, was wir wahrzunehmen versäumen.
>
> (Ronald D. Laing)

---

dards verantwortlich, aber nicht für das Verfassen der Einladung zum Elternabend. Sie sind für den guten Kontakt zur Schule verantwortlich, aber nicht für die Beaufsichtigung der Handwerker oder das Umdekorieren des Flurs.
- *Arbeiten Sie in Blöcken,* statt sich mit „Kleinkram" zu verzetteln: Erledigen Sie en bloc Ihre Telefonate und Schreibtischarbeiten des Tages.
- *Planen Sie Puffer- und Wegzeiten* zwischen Terminen ein, auch innerhalb der Einrichtung. Vielleicht werden Sie im Flur angesprochen, müssen vor der Sitzung noch etwas kopieren oder auf dem Weg ins Rathaus tanken ... Das sind oft die Situationen, die – nicht eingeplant – uns plötzlich ins Schleudern bringen!

- *Nehmen Sie alles nur einmal in die Hand!* Entscheiden Sie sofort, ob der Flyer oder das Rundschreiben in den Papierkorb oder in den Ordner kommt. Legen Sie die Dinge erst mal auf einen Stapel, wächst dieser munter vor sich hin, guckt Sie jeden Tag vorwurfsvoll an – bis Sie die Dinge schließlich ein zweites Mal in die Hand nehmen und entscheiden, was damit zu geschehen hat. Das hätten Sie auch bereits beim ersten Mal tun können!
- Entwickeln Sie ein *gutes Ablagesystem,* physisch wie virtuell! Beispiel: Legen Sie sich für die bearbeiteten Mails ausreichend differenzierte Ordner an und ziehen Sie Ihre Mails dort hinein sowie Sie sie bearbeitet haben. Lassen Sie in Ihrem E-Mail-Eingangskorb nur die unbearbeiteten Mails stehen, sonst bringen Sie sich um das gute Gefühl, auch mal alles erledigt zu haben. Übrigens: Mails außerdem noch auszudrucken, erfordert wieder unnötigen Zeitaufwand (vom Platz ganz abgesehen). Vertrauen Sie der Technik – sie hilft Ihnen bei einem guten Zeitmanagement!
- *Überprüfen Sie Ihre Einstellung zur Zeit,* z. B. wenn Sie im Stau stehen! Sie sind selten so ausgeliefert und einflusslos wie in dieser Situation.

Was hilft Ihnen hier am meisten: Das Gefühl von Zeitverlust (z. B. weil Sie nun die Sitzung nicht von Beginn an miterleben werden) oder das Gefühl von Zeitgewinn (z. B. für Atemübungen, Fahrtenbuchschreiben, telefonieren, nachdenken ...)? Welche Wirkungen haben diese beiden sehr unterschiedlichen Bewertungen der gleichen Situation? Äußerlich wird es keinen Unterschied geben: Sie kommen so oder so zu spät. Aber in Ihnen macht es einen großen Unterschied! Machen Sie sich klar: Ein Problem entsteht nicht durch ein Phänomen oder eine Situation an sich, sondern durch deren Bewertung!
- *Verlangsamen Sie die Zeit!* Denken Sie an den buddhistischen Mönch, für den der Moment Ewigkeit ist (vgl. auch Kap. 1.1). Die Fähigkeit, Zeit zu dehnen, kann durch Selbst-Suggestion ausgebildet werden. Unternehmen Sie Fantasiereisen, bei denen Sie der Gegenwart die Ausdehnung erlauben und die Vergangenheit und Zukunft auffordern, sich zu entfernen. Diese Übung führt nachgewiesenermaßen zu einer drastisch gesteigerten Versunkenheit in den gegenwärtigen Moment.
- Sollte der Stress in Ihrem (Arbeits-)Alltag bereits so angewachsen sein, dass er Sie krank macht oder krank zu machen droht, können Sie sich *mit MBSR beschäftigen* – einer von Jon Kabat-Zinn in amerikanischen Universitätskliniken entwickelten und wissenschaftlich fundierten Methode zur Stressreduzierung (vgl. sein Buch „Gesund durch Meditation"). Sicher gibt es auch in Ihrer Nähe eine/n MBSR-Therapeutin/en.

Fallbeispiel
Frau K., Leiterin einer betriebsnahen Kindertagesstätte, im Rahmen eines Coachings:

Frau K. ist 55 Jahre alt und schon seit achtzehn Jahren Leiterin derselben KiTa unter konfessioneller Trägerschaft. Sie ist ein eher ruhiger Typ, wägt ihre Worte gut ab, hat Humor und ist auf die Sitzung gut vorbereitet. Für sie ist „Zeit leider nicht Geld, aber ein kostbares Gut". Als Leiterin sieht sie sich dafür verantwortlich, „dass der Betrieb gut läuft, Kinder und Eltern hier das Bestmögliche an Unterstützung erhalten und die Einrichtung nach außen gut dasteht". Sie hat 15 pädagogische Mitarbeiterinnen und ist selbst zeitweise mit im Gruppendienst. Offiziell ist sie freigestellt.

Ihr Arbeitstag beginnt um 8 Uhr. Bei einem Rundgang durch alle Gruppen begrüßt sie alle Anwesenden, trifft kurze Absprachen und verschafft sich einen Eindruck von der situativen Befindlichkeit aller. Ihr „Management by walking around" bedeutet ihr viel und sie plant deshalb auch gerne eine Stunde täglich dafür ein. Danach geht es ins Büro, wo sie den Anrufbeantworter abhört und angefallene Verwaltungsarbeit erledigt. Zweimal wöchentlich geht sie ins Büro des Trägers. Auch bei einer ins Nebengebäude ausgelagerten Krippengruppe zeigt sie mehrmals die Woche Präsenz. Zu ihren wei-

teren Aufgaben gehören vor allem Behördengänge, Kontakte zu Sponsoren, Planung von Elternabenden, Bearbeitung von Mitarbeiteranliegen und Urlaubsplanung. Ihr Arbeitstag endet in der Regel um 16 Uhr; ab und zu fallen Abendtermine für Elternabende oder Kirchenausschusssitzungen an.

Termine für den nächsten Tag notiert sie auf einem Zettel auf dem Schreibtisch und hakt sie – „genüsslich", wie sie sagt – nach Erledigung ab. Sie ist „zu 75 Prozent" mit ihrem Zeitmanagement zufrieden, stört sich aber daran, dass sie sich manchmal durch allzu viel „Kleinkram" verzettelt. Bei genauerer Analyse stellt sich heraus, dass sie z. B. bei der Planung von Eltern- und Mitarbeitergesprächen zwar den Beginn, nicht jedoch das Ende festsetzt. Die Empfehlung lautet deshalb, immer den Endpunkt mit festzusetzen, um zielgerichteter und lösungsorientierter zu diskutieren. Dem klassischen Einwand, das Ende sei nicht vorhersehbar, begegne ich gerne mit der rhetorischen Frage: „Wie fänden Sie es, wenn wir für unsere Sitzung hier auch kein Ende festgesetzt hätten, weil man ja nie vorhersehen kann, wie viel Zeit das Thema in Anspruch nehmen wird?!" Die Parallele überzeugt schnell. Auch gefällt Frau K. die Idee, sich jeden Tag eine bestimmte Zeit zu

nehmen, in der sie nicht gestört werden will, um bei wichtiger Arbeit nicht unterbrochen zu werden. Für Eltern bietet sie jetzt feste Sprechzeiten an.

Um auf weitere Ansatzpunkte zu kommen, könnte sich Frau K. am Ende des Tages eine Liste anlegen mit den Dingen, die sie tagsüber erledigt hat. Sie kann sich diese dann bei Gelegenheit ansehen und überprüfen, was davon sie z. B. hätte delegieren können, und dies in Zukunft ändern. Das Umsetzen erfordert selbstverständlich viel Disziplin. Darüber hinaus entwickelt Frau K. bei der genaueren Betrachtung Ideen, wie sie die Teamsitzung effektiver gestalten kann: Beispielsweise Themen nur dann bearbeiten, wenn sie für alle Anwesenden relevant sind, sonst in kleineren Runden nur mit den Beteiligten klären.

Ausführlich und über mehrere Sitzungen hinweg bearbeiten wir das Thema „Entscheidungen treffen", eine von ihr bisher zugunsten ihres grenzenlosen Partizipationsanspruchs vernachlässigte Führungsaufgabe. Sie berichtet nach einigen Wochen, dass bestimmte wiederkehrende Themen der Vergangenheit durch ihre klarere und verbindlichere Positionierung plötzlich nicht mehr ins Gewicht fallen. Das Feedback von ihren Mitarbeiterinnen bestätigt, dass dieser Führungsstil für Entlastung gesorgt hat.

3. Reflexion: Mein persönlicher Arbeitsstil

Die nachfolgenden Fragen helfen Ihnen, Ihre persönliche Arbeitssituation zu überprüfen und Störfaktoren genauer zu identifizieren.

Bitte kreuzen Sie das Feld mit der jeweils zutreffenden Zahl an:
0 = stimmt fast immer,   **1** = stimmt häufig,   **2** = stimmt manchmal,   **3** = stimmt fast nie

1. Das *Telefon* stört mich laufend, und die Gespräche sind meistens unnötig lang.

0	1	2	3
□	□	□	□

2. Durch die vielen *Besucher* von außen oder aus dem Hause komme ich oft nicht zu meiner eigentlichen Arbeit.

0	1	2	3
□	□	□	□

3. Die *Besprechungen* dauern häufig viel zu lange, und ihre Ergebnisse sind für mich oft unbefriedigend.

0	1	2	3
□	□	□	□

4. Große, zeitintensive und daher oft unangenehme Aufgaben schiebe ich meistens vor mir her, oder ich habe Schwierigkeiten, sie zu Ende zu führen, da ich nie zur Ruhe komme („*Aufschieberitis*").

0	1	2	3
□	□	□	□

5. Oft fehlen klare *Prioritäten*, und ich versuche, zu viele Aufgaben auf einmal zu erledigen. Ich befasse mich mit zuviel Kleinkram und kann mich zu wenig auf die wichtigsten Aufgaben konzentrieren.

0	1	2	3
□	□	□	□

6. Meine Zeitpläne und Fristen halte ich oft nur unter *Termindruck* ein, da immer etwas Unvorhergesehenes dazwischenkommt oder ich mir zuviel vorgenommen habe.

0	1	2	3
□	□	□	□

7. Ich habe zuviel *Papierkram* auf meinem Schreibtisch; Korrespondenz und Lesen brauchen zu viel Zeit. Die Übersicht und Ordnung auf meinem Schreibtisch ist nicht gerade vorbildlich.

0	1	2	3
□	□	□	□

8. Die *Kommunikation* mit anderen ist häufig mangelhaft. Der verspätete Austausch von Informationen, Missverständnissen oder gar Reibereien gehören bei uns zur Tagesordnung.

0	1	2	3
□	□	□	□

9. Die *Delegation* von Aufgaben klappt nur selten richtig, und oft muss ich Dinge erledigen, die auch andere hätten tun können.

0   1   2   3
□   □   □   □

10. Das *Nein-Sagen* fällt mir schwer, wenn andere etwas von mir wollen und ich eigentlich meine eigenen Arbeiten erledigen müsste.

0   1   2   3
□   □   □   □

11. Eine *klare Zielsetzung*, sowohl beruflich wie privat, fehlt in meinem Leben. Oft vermag ich keinen Sinn in dem zu sehen, was ich den Tag über tue.

0   1   2   3
□   □   □   □

12. Manchmal fehlt mir die notwendige *Selbstdisziplin*, um das, was ich mir vorgenommen habe, auch umzusetzen.

0   1   2   3
□   □   □   □

Reflektieren Sie:

1. Welche besondere/n Schwäche/n im Hinblick auf Ihren Arbeitsstil konnten Sie identifizieren?
   An welcher möchten Sie gerne arbeiten?

2. Wenn heute Nacht eine Fee käme und würde diese Schwäche oder diesen Störfaktor beseitigen, was wäre morgen anders?
   Wie wäre Ihr Verhalten dann?
   Stellen Sie es sich so konkret wie möglich vor!

3. Was davon könnten Sie bereits morgen tun und damit vielleicht eine Änderung herbeiführen?
   Was spricht dagegen, sich ab morgen so zu verhalten?

4. Test: Wie gut delegieren Sie?

	Ja	Nein
1. Nehmen Sie regelmäßig Arbeit mit nach Hause?	☐	☐
2. Arbeiten Sie länger als Ihre Mitarbeitenden?	☐	☐
3. Verbringen Sie Zeit damit, Dinge für andere zu erledigen, die diese genauso gut selbst erledigen könnten?	☐	☐
4. Sind Postfach und Schreibtisch überfüllt, wenn Sie von einer Dienstreise oder aus dem Urlaub zurückkommen?	☐	☐
5. Befassen Sie sich immer noch mit Tätigkeiten und Problemen aus Ihrem früheren Verantwortungsbereich?	☐	☐
6. Werden Sie oft mit Fragen oder Bitten zu laufenden Projekten oder Aufgaben unterbrochen?	☐	☐
7. Wenden Sie Zeit für Routinedetails auf, die andere erledigen könnten?	☐	☐
8. Wollen Sie überall Ihre Hand im Spiel haben?	☐	☐
9. Müssen Sie sich beeilen, um Termine einzuhalten?	☐	☐
10. Misslingt es Ihnen, sich an Ihre Prioritätenliste zu halten?	☐	☐

Auflösung:

0 – 1 Ja-Antworten:
Sie delegieren auf ausgezeichnete Weise!

2 – 4 Ja-Antworten:
Sie sollten Ihre Delegation verbessern!

5 und mehr Ja-Antworten:
Die Delegation stellt für Sie offenbar ein ernsthaftes Problem dar.
Der Lösung dieses Problems sollten Sie absoluten Vorrang einräumen!
Treffen Sie hierzu eine Zielvereinbarung mit sich selbst und planen Sie Schritte,
wie Sie daran arbeiten können (vgl. z. B. Test „Wie können Sie (noch) besser
delegieren?").

Reflexion: Wie können Sie (noch) besser delegieren?

Bitte nehmen Sie sich Zeit für die folgenden Fragen und beantworten Sie sie ausführlich!

■ Was hinderte Sie bisher daran, mehr Aufgaben zu delegieren?

_____

_____

_____

■ Was können Ihre Mitarbeiterinnen punktuell oder dauerhaft von Ihren Aufgaben übernehmen?

_____

_____

_____

■ Wie können Sie delegierte Aufgaben regelmäßig und wertschätzend kontrollieren?

_____

_____

_____

■ Welche Art von Selbstkontrolle können Sie mit der Mitarbeiterin, an die Sie delegiert haben, vereinbaren?

_____

_____

_____

■ Gibt es Punkte, die Trägeraufgaben betreffen, und die Sie dort klären müssen?

_____

_____

_____

- Entscheiden Sie bei jeder Aufgabe von Neuem: Muss ich diese Tätigkeit unbedingt selbst ausführen oder kann sie nicht ebenso gut (oder noch besser) von einer Mitarbeiterin erledigt werden?
- Delegieren Sie auch – kontrolliert – mittel- und langfristig wichtige Aufgaben Ihres Arbeitsgebiets, die die Mitarbeiterinnen motivieren und fachlich fördern können (z. B. Qualitätsbeauftragte, Bildungsplan-Beauftragte ...).
- Delegieren Sie täglich so oft und so viel wie möglich – soweit es die Arbeitssituation und Kapazität der Mitarbeiterinnen zulässt.
- Delegieren Sie nicht nur an Ihre Mitarbeiterinnen, sondern auch an andere Abteilungen des Trägers sowie an externe Dienste wie Gesundheitsamt, Beratungsstellen, Frühförderung o. Ä.

5. Was treibt Sie an?

Das Antreibermodell, das diesem Kapitel zugrunde liegt, stammt aus der Transaktionsanalyse von Eric Berne (vgl. Krumbach-Mollenhauer, Lehment 2007, S. 175ff.). Unsere „inneren Antreiber" sind in unserer Kindheit entstanden. Als Kind haben wir unbewusst wahrgenommen, womit wir die meiste Liebe und Anerkennung erhalten, und diese Verhaltensweisen dann besonders ausgebaut – damals sicher eine sinnvolle Strategie. Diese Antreiber stellen wichtige Energiequellen und Ressourcen dar, können uns jedoch das Leben auch ganz schön schwer machen, wenn sie uns keine Verschnaufpause gönnen. Es kann daher sinnvoll sein, sich der eigenen inneren Antreiber bewusst zu werden:

Sei perfekt!
Vorteile: Menschen mit diesem Antreiber sind gründliche, zuverlässige Experten.
Nachteile: Angst vor Versagen kann zu überzogener Selbstkritik führen, der Wunsch nach Bestätigung der eigenen Perfektion zu überzogener Fremdkritik. Ständige Neuanfänge im Bemühen um 100% kosten Zeit und erzeugen Stress.

Beeil dich!
Vorteile: Menschen mit diesem Antreiber sind dynamisch, einfallsreich, schnell.
Nachteile: Es besteht die Gefahr, überall sein zu wollen und dadurch nirgends richtig zu sein. Planungs- und Konzeptionsruinen werden hinterlassen, die Zeitplanung ist chaotisch. Keine Gründlichkeit, kein Sinn für Details, kein Durchhaltevermögen, Ausstrahlen von Unruhe.

Streng dich an!
Vorteile: Menschen mit diesem Antreiber sind einsatzbereit und belastbar.
Nachteile: Lebensmotto: „Erst die Arbeit, dann das Vergnügen". Arbeit darf keinen Spaß machen; was leicht geht, wird abgewertet. Langwierige und umständliche Lösungswege werden bevorzugt. Keine Fähigkeit zu Improvisation und intuitivem Handeln. Es „muss" ständig Probleme, Krisen und Stress geben, damit man sich wichtig und wertvoll fühlt.

Sei gefällig!
Vorteile: Menschen mit diesem Antreiber sind besonders einfühlsam und hilfsbereit anderen gegenüber.
Nachteile: Der Wunsch, es allen recht zu machen, kann dazu führen, es am Ende niemandem und am wenigsten sich selbst recht zu machen. Es besteht die Gefahr, von anderen ausgenutzt zu werden.

Sei stark!
Vorteile: Menschen mit diesem Antreiber sind eigenständig, lösungsorientiert und belastbar.
Nachteile: Sich Schwächen und Fehler eingestehen zu müssen, kann zu Unzufriedenheit führen. Die Stärke kann von anderen als Arroganz empfunden werden. Sich Hilfe von anderen zu holen, fällt schwer; alles alleine zu schaffen, ist auf Dauer anstrengend.

Reflektieren Sie:
- Was ist Ihr bzw. was sind Ihre Antreiber?
- Wo überwiegen eventuell die Nachteile gegenüber den Vorteilen?

6. Welcher Zeittyp sind Sie?

Beschäftigen Sie sich anhand des folgenden Modells einmal mit Ihrem Persönlichkeitstyp. Das hilft Ihnen dabei, wertvolle Ressourcen ausfindig zu machen, aber auch, sich selbst besser zu verstehen und Lernziele noch genauer zu definieren.

In seinem Buch „Grundformen der Angst" betrachtet der Psychoanalytiker Fritz Riemann die menschlichen Handlungen und Stimmungen vor dem Hintergrund von vier Grundimpulsen, von denen jeweils zwei polare Gegensätze darstellen und die den essenziellen Kategorien Zeit und Raum zugeordnet sind: Wie verhalten wir uns im Raum, welches Maß an Nähe oder Distanz ist für uns passend? Drehen wir uns eher um uns selbst oder um andere? Und wie bewegen wir uns in der Zeit, wie schnell oder langsam, wie viel Bewegung um uns herum verkraften wir? Das Modell geht davon aus, dass die Bestrebungen *Dauer* und *Wechsel* sowie *Nähe* und *Distanz* menschliche Grundbedürfnisse sind. Bereits Babys brauchen ein meist individuell verschiedenes Maß an allen vier Elementen. Im Laufe des Lebens kann sich das Bedürfnis nach diesen Grundimpulsen graduell verändern, aber nicht das gesamte Wesen eines Menschen.

Christoph Thomann unterscheidet in Anlehnung an die vier Grundbedürfnisse Dauer, Wechsel, Nähe, Distanz

Zeittypen

Dauer

Der stetige Zeittyp

- empfindet die Zeit als Feind, hasst Zeitdruck
- toleriert das Zuspätkommen anderer
- arbeitet eher langsam, aber beständig, gründlich und zuverlässig
- arbeitet Berge Stück für Stück ab
- setzt gut Prioritäten, auch schriftlich
- braucht Zeit, die Dinge zu durchdenken, und wird vorwurfsvoll, wenn ihm das verwehrt wird
- bringt seine fachliche Autorität gut ein, wenn er mit Zustimmung rechnen kann
- sagt nicht gerne nein
- vermeidet Konfrontation, hält sich eher zurück
- benötigt viel Anerkennung

Der gründliche Zeittyp

- braucht immer mehr Zeit als andere
- ist pünktlich, um lästige Situationen zu vermeiden
- verliert sich in Einzelheiten
- diskussion und Planung sind ihm wichtiger als Aktion und Umsetzung
- setzt eher zu viele Prioritäten, alles ist wichtig
- braucht lange, um auf den Punkt zu kommen
- ist immer pünktlich und gut vorbereitet
- hält (auch unnütze) Vorschriften ein
- dokumentiert, evaluiert gerne, liest Berichte, Artikel und Fachliteratur

Nähe ←————————————————→ **Distanz**

Der initiative Zeittyp

- tendiert zu spontanen Ideen und Aktionen
- Uhrzeit und Termine sind ihm lästig
- Struktur engt ihn ein
- Beziehungen sind ihm wichtiger als Pünktlichkeit
- versucht, alles auf einmal zu schaffen
- schreibt wenig auf, wechselt seine Prioritäten
- nimmt gerne Aufgaben an, sagt schnell ja, lässt dafür andere fallen
- vermeidet Routineaufgaben
- hasst Details
- kommt zu spät und ist oft unvorbereitet

Der starke Zeittyp

- ist ungeduldig und unterbricht oft
- bewegt sich viel und sein Blick wandert
- steuert das Gespräch und kommt gerne schnell zur Sache
- legt Wert auf qualitätvolle Ergebnisse und zielorientiertes Handeln
- ist immer unter Zeitdruck und kann sich schwer einlassen
- kommt pünktlich, wenn die Situation es zulässt
- erledigt gut Dinge gleichzeitig

Wechsel

nach Riemann vier Menschentypen, die er anhand eines Fadenkreuzes darstellt (Thomann 2004, S. 220ff.). Und er schließt daraus, dass – je nachdem, wie stark diese ausgeprägt sind – das entsteht, was wir Persönlichkeit nennen:

- Haben wir ein starkes Bedürfnis nach Distanz, Autonomie und Eigenständigkeit, gehören wir zu den besonders gründlichen Zeitgenossen.
- Ist uns unsere Autonomie ein zentrales Bedürfnis, aber auch die Abwechslung und dass „etwas passiert", sind wir der besonders stark auftretende, ungeduldige Typ.
- Ist uns der Wechsel besonders wichtig, weil wir uns sonst schnell langweilen, und brauchen wir zugleich auch die Nähe zu anderen Menschen, ergibt das eine Mischung aus Initiative und Begeisterungsfähigkeit.
- Wenn wir ein starkes Bedürfnis nach Nähe haben, aber auch nach Dauerhaftigkeit, Ruhe und Ordnung, sind wir besonders stetig und ausdauernd.

Jeder Mensch verspürt in sich alle Tendenzen, nur in unterschiedlichem Maß, unterschiedlicher Intensität und Reihenfolge. Das Fadenkreuz (siehe Schaubild Seite 19) zeigt, dass die vier Grundbedürfnisse in vier Richtungen vom Nullpunkt weglaufen. Je stärker das Bedürfnis ist, desto weiter entfernt vom Nullpunkt wird es eingeordnet.
Angewandt auf unser Thema Zeitmanagement, können Sie anhand der Beschreibung der unterschiedlichen Zeittypen Ihre Stärken, aber auch Ihre Schwachstellen erkennen und für Ihr Selbst-Coaching nutzen.

Starke Zeittypen

Sie würden am liebsten die Zeit anhalten, um sich ihr nicht unterwerfen zu müssen. Sie wollen stets das Maximum aus ihr herausholen. Sie warten nicht gern. Sie selbst sind meist pünktlich, behalten sich jedoch stets das Recht vor, zu spät zu kommen, wenn etwas „Wichtiges" dazwischenkommen sollte. Sie analysieren schnell, erkennen das Wesentliche, haben ständig Ziele vor Augen, schreiben Dinge nur ungern auf, machen skizzenhafte Pläne, erledigen Dinge nebenbei (z. B. während sie mit jemandem sprechen), können gut nein sagen, wenn Ziele und Situation nicht zusammenpassen. Sie hassen Unterforderung, neigen zu vielen Eisen im Feuer, unterschätzen die Zeit, die sie für bestimmte Tätigkeiten brauchen, tendieren zu Durcheinander und Hektik, sind wenig organisiert. Sie unterbrechen andere, weil ihnen etwas „Dringendes" eingefallen ist, möchten aber selbst nicht unterbrochen werden.

Ihre Lernziele:
- Prioritäten setzen
- Durchdenken von Projekten im Vorfeld
- Geduld
- Aktiv zuhören
- Weniger Wetteifer zugunsten der Zusammenarbeit
- Ansprüche an andere reduzieren
- Entspannen lernen

Initiative Zeittypen

Sie tendieren dazu, sehr spontan „im Hier und Jetzt" zu denken und zu handeln. Uhrzeit und Termine sind nicht so wichtig, Struktur engt sie ein. Beziehungen sind wichtiger als Pünktlichkeit. Sie begeistern sich für neue Projekte und Ideen und versuchen, alles auf einmal zu schaffen. Sie schreiben wenig auf, nehmen bereitwillig neue Aufgaben an, wechseln häufig ihre Prioritäten und sind oft in viele Aufgaben gleichzeitig verstrickt. Sie sind oftmals nicht gründlich genug, haben eher Chaos als Ordnung an ihrem Arbeitsplatz, vermeiden Routineaufgaben, sagen öfter ja als sie es dann auch umsetzen, hassen Details, unterbrechen andere oft und lassen sich unterbrechen, kommen zu spät und sind häufig unvorbereitet. Sie sind spontan, gesellig und kommunikativ, haben Humor und machen gerne Blödsinn.

Ihre Lernziele:
- Unterbrechungen vermeiden
- Aufgaben schriftlich fixieren
- Tagesplan erstellen
- Ausmisten und aufräumen

Ihr kindergarten heute - Abonnement

kindergarten heute ist die meistgelesene Fachzeitschrift für ErzieherInnen. Sie bietet Ihnen Praxiswissen und konkrete Anregungen für die tägliche Bildungsarbeit; ein regelmäßiges Dossier: Kinder unter 3; berufsrelevante Nachrichten und Infos zu Fachveranstaltungen bundesweit sowie Stellenangebote und -gesuche

○ **Ja,** ich möchte **kindergarten heute** ab sofort regelmäßig lesen. Senden Sie mir die Zeitschrift zehnmal im Jahr direkt nach Hause. kindergarten heute kostet im Abonnement € 46,00 jährlich (für Auszubildende € 30,00) zzgl. € 7,80 Porto.

Preise gültig bis 31.12.09   KGABOSP

Kein Risiko! Das Abonnement ist jederzeit kündbar. Das Geld für nicht gelieferte Ausgaben wird Ihnen zurück erstattet.

_____
Vor- und Zuname

_____
Straße

_____
PLZ/Ort

(Auszubildende: Ausbildung endet ca. _____)

☐ Ich wünsche Bankeinzug.

_____
Konto-Nr.   Bankleitzahl

_____
Bankinstitut

☐ Ich überweise nach Erhalt der Rechnung.

_____
Datum   ✗   Unterschrift

Hier abonnieren Sie ‚das leitungsheft'

das leitungsheft liefert Ihnen fundiertes Fachwissen und Methoden speziell für Leitungsaufgaben im Hinblick auf Ihre Eigenprofilierung, Teamprofilierung, Einrichtungsprofilierung, Träger- und Elternzusammenarbeit.

○ **Ja,** ich möchte ‚das leitungsheft' (4 Ausgaben im Jahr) zum Normalpreis von € 35,60 abonnieren (zzgl. € 2,80 Versandkosten).   KLNPSP

○ **Ja,** ich bin AbonnentIn von ‚kindergarten heute' und möchte ‚das leitungsheft' (4 Ausgaben im Jahr) zum Vorzugspreis von nur € 27,60 abonnieren (zzgl. € 2,80 Versandkosten).   KLVPSP

Kein Risiko! Das Abonnement ist jederzeit kündbar. Das Geld für nicht gelieferte Ausgaben wird Ihnen zurück erstattet.   Preise gültig bis 31.12.09

_____
Vor- und Zuname

_____
Straße

_____
PLZ/Ort

(Auszubildende: Ausbildung endet ca. _____)

☐ Ich wünsche Bankeinzug.

_____
Konto-Nr.   Bankleitzahl

_____
Bankinstitut

☐ Ich überweise nach Erhalt der Rechnung.

_____
Datum   ✗   Unterschrift

Hier bestellen Sie Ihre Fachliteratur

Expl.	Bestellnr.	Kurztitel	Preis

Bleiben Sie auf dem Laufenden!
Praxisnahe und konkrete Unterstützung
für Ihre praktische Bildungsarbeit.

Antwort

Verlag Herder
KundenServiceCenter

79080 Freiburg

Hält Sie fit für alle Leitungsaufgaben!
Wirksame Unterstützung bei Eigen-,
Team- und Einrichtungsprofilierung.

Antwort

Verlag Herder
KundenServiceCenter

79080 Freiburg

Absender:

_____
Vor- und Zuname

_____
Straße

_____
PLZ/Ort

_____
Telefon   E-Mail

_____
Datum   Unterschrift

Antwort

HerderShop24
Postfach 100 154

79120 Freiburg

kindergarten heute *spezial* – Fachwissen kompakt

Ja, senden Sie mir bitte zum Preis von
jeweils € 9,95 (zzgl. Porto)

_____ Ex. **Kindswohlgefährdung** (4001145)

_____ Ex. **Feinfühligkeit** (4001095)

_____ Ex. **Sozial-emotionale Entwicklung** (4001103)

_____ Ex. **Kinder beobachten und Ihre Entwicklung dokumentieren** (4000923)

_____ Ex. **Pädagogische Handlungskonzepte** (4001079)

_____ Ex. **Kinder unter 3** (4001061)

_____ Ex. **Entwicklungspsychologische Grundlagen** (4000998)

_____ Ex. **Sprachentwicklung und Sprachförderung** (4000980)

_____ Ex. **Wahrnehmungsstörungen** (4000915)

_____ Ex. **Auffälliges Verhalten** (4001087)

Ab 5 Exemplaren einer Ausgabe gelten unsere günstigen
Mengenpreise. Rufen Sie uns einfach an: 0761 / 2717 474.
(Irrtum oder Änderung vorbehalten)

Meine Adresse:

_____
Vor- und Zuname

_____
Straße

_____
PLZ/Ort

_____
Telefon   E-Mail

_____
Datum   Unterschrift

---

kindergarten heute *spot* – Wissen, wie's geht

Ja, senden Sie mir bitte zum Preis von
jeweils € 8,90 (zzgl. Porto)

_____ Ex. **Partizipation** (4003935)

_____ Ex. **Kleinstkinder** (4003919)

_____ Ex. **Schulkinder betreuen** (4003927)

_____ Ex. **Lernwerkstatt** (4003901)

_____ Ex. **Singen u. Musizieren** (4003893)

_____ Ex. **Naturwissenschaften** (4003877)

_____ Ex. **Ernährungserziehung** (4003869)

_____ Ex. **Zahlen u. Mathematik** (4003844)

_____ Ex. **Computer u. Internet** (4003810)

Ab 5 Exemplaren einer Ausgabe gelten unsere günstigen
Mengenpreise. Rufen Sie uns einfach an: 0761 / 2717 474.
(Irrtum oder Änderung vorbehalten)

Meine Adresse:

_____
Vor- und Zuname

_____
Straße

_____
PLZ/Ort

_____
Telefon   E-Mail

_____
Datum   Unterschrift

NEUE REIHE:
kindergarten heute *basiswissen kita management*

Ja, senden Sie mir bitte zum Preis von
jeweils € 8,90 (zzgl. Porto)

_____ Ex. **Zeitmanagement** (4002424)

Ebenfalls noch erhältlich:

_____ Ex. **Beurteilungen und Zeugnisse** (4002416)

_____ Ex. **Konzepte entwickeln** (4002374)

_____ Ex. **Gesprächsführung in der Kita** (4002390)

_____ Ex. **Familien stärken - Elternbildung** (4002382)

_____ Ex. **Rechtliche Grundlagen** (4002408)

_____ Ex. **Methoden der Team-/Elternarbeit** (4002309)

_____ Ex. **Social Sponsoring & Fundraising** (4002291)

_____ Ex. **Personalauswahl** (4002242)

Ab 5 Exemplaren einer Ausgabe gelten unsere günstigen
Mengenpreise. Rufen Sie uns einfach an: 0761 / 2717 474.
(Irrtum oder Änderung vorbehalten)

Meine Adresse:

_____
Vor- und Zuname

_____
Straße

_____
PLZ/Ort

_____
Telefon   E-Mail

_____
Datum   Unterschrift

kindergarten heute *spezial*

✳ die wichtigsten **pädagogischen und psychologischen Themen** der Elementarpädagogik

✳ **kompakt** und übersichtlich zusammengestellt.

✂ - ✂

kindergarten heute *spot*

✳ **praxisnahe** und leicht umsetzbare Unterstützung zu **aktuellen Fragen** und Trends

✳ schnell, hilfreich und **kompetent.**

✂ - ✂

kindergarten heute *basiswissen kita management*

✳ Themenhefte mit praxisbezogenem Zugang zu **Organisations- und Managementaufgaben** in der Kita

✳ komplexe Inhalte in übersichtlicher und leicht **verständlicher** Form

Stetige Zeittypen

Sie empfinden die Zeit als Feind, wenn sie unter extremem Zeitdruck arbeiten müssen. Sie kommen entweder zu früh oder zu spät, je nachdem, was sie gerade zu tun haben. Im Allgemeinen sind sie jedoch pünktlich, wenn sie selbst für die Aufgaben verantwortlich sind. Das Zuspätkommen anderer tolerieren sie. Sie arbeiten eher langsam, aber beständig, gründlich und zuverlässig, arbeiten Aufgaben Stück für Stück ab, setzen Prioritäten, schreiben auch auf. Sie brauchen Zeit, um Dinge zu durchdenken, bringen ihre fachliche Kompetenz ein, sagen nicht gerne nein, um Beziehungen nicht zu belasten, und vermeiden Konfrontation und klare Positionierung. Sie unterbrechen andere, um sich rückzuversichern, sind bei Sitzungen, was ihre Beteiligung betrifft, jedoch eher zurückhaltend. Sie benötigen viel Anerkennung, wenn Aufgaben an sie delegiert werden.

Ihre Lernziele:
- Aufgaben früher beginnen, um Zeitdruck zu vermeiden
- Auf Endtermine achten, ohne sich dadurch zu blockieren
- Veränderungen positiv sehen, denn sie können bereichern
- Weniger an den Aufwand, mehr an die Ergebnisse denken
- Prioritäten mehr mit anderen abstimmen

Gründliche Zeittypen

Sie brauchen immer mehr Zeit als andere, weil sie die Dinge bis ins letzte Detail gründlich tun. Sie sind pünktlich, weil sie sich keine unangenehme Situation verschaffen wollen, und erwarten das auch von anderen. Sie tendieren dazu, sich zu verzetteln, machen ausführliche Pläne und Listen für alle möglichen Tätigkeiten, sie „überanalysieren". Sie verbringen mehr Zeit mit Planung als mit Umsetzung, sagen nein, wenn die Aufgabe nicht in ihr Konzept passt. Sie reagieren negativ auf „Zeitfresser", da diese als Leistungshinderer gesehen werden. Sie machen umständliche Präsentationen und Berichte und brauchen lange, um auf den Punkt zu kommen, sind aber immer pünktlich und gut vorbereitet. Sie halten auch unnütze Vorschriften ein, ihr Arbeitsplatz ist immer gut aufgeräumt, alles hat seinen festen Platz. Sie verlangen detaillierte formale Informationen und Berichte und stellen oft Rückfragen, bis wirklich alles berücksichtigt ist, was zum Thema gehört. Erst wenn alles 100%ig klar ist, können sie etwas entscheiden oder umsetzen.

Ihre Lernziele:
- Planungszeiten überdenken, um nicht an der Zeit für die Umsetzung sparen zu müssen
- Auf Ergebnisse, nicht auf Perfektion konzentrieren
- Entscheidungen treffen, auch wenn noch nicht alle Infos vorliegen
- Realistische Ziele setzen (gut statt perfekt!)
- Auch mal „fünf gerade sein lassen"
- Sich bewusst machen, dass Menschen wichtiger sind als Prinzipien und Vorschriften

7. Perfekt!?

Sie sind genau, Sie sind gründlich? Prima! Ihr „Sei-perfekt-Antreiber" ist vermutlich stärker ausgeprägt als die anderen Antreiber, die z. B. heißen „Sei stark!" oder „Sei gefällig!" oder „Streng dich an!" (vgl. Kap. 2.5). Mit hoher Wahrscheinlichkeit haben Sie eine ausgeprägte Dauer-Distanz-Seite (vgl. Kap. 2.6), die Zahlen liebt und kein Detail übersehen möchte. Das ist völlig okay so! Die Empfehlung lautet hier nicht etwa, zukünftig schlampig und ungenau zu werden, sondern ein Zuviel zu vermeiden – im Interesse von Zeit- und Energieersparnis und damit von Stressreduzierung. Da stellt sich natürlich als erstes die Frage: Wo hört Gründlichkeit auf und fängt Perfektionismus an? (vgl. zu diesem gesamten Kapitel: Zöllner 2001).

Ein Klärungsversuch
Perfekte Menschen ...
- ... wollen die Dinge „besonders" gründlich machen.
- ... machen gerne mehr als gefordert.
- ... rechtfertigen sich: „Wenn ich mehr Zeit gehabt hätte ..." oder „Da fehlt eigentlich ...".
- ... verlangen von anderen die gleiche Gründlichkeit und sehen bei Arbeiten anderer als erstes, was fehlt.
- ... lieben Details und lassen nichts aus.
- ... bezeichnen weniger aufs Detail bedachte Menschen als oberflächlich oder schlampig.
- ... vermeiden fordernde Situationen wie Prüfungen, Vorträge usw., wenn sie sich nicht perfekt vorbereitet fühlen (was häufig vorkommt, weil es nie genug ist).
- ... möchten Anerkennung für ihr Ergebnis erhalten, wenn sie viel Zeit investiert haben, und fühlen sich als Opfer, wenn die Anerkennung ausbleibt.

- ... haben nie genug Zeit und selten das Gefühl, „fertig" zu sein, weil es immer noch offene Aspekte gibt.
- ... erkennt man an Sätzen wie „Vertrauen ist gut, Kontrolle ist besser" oder „Ordnung ist das halbe Leben" oder „Fehler können wir uns nicht leisten" oder „Wer will, der kann" oder „Das Beste ist gerade gut genug".

Perfektionismus ist nicht gleich Perfektionismus

Es gibt einen eher *grüblerischen Perfektionismus*, der sich in Form von perfektionistischer Besorgnis ausdrückt. Beispielsweise, wenn die Gedanken eines Menschen um ein mögliches Versagen, um mögliche Fehler und Katastrophen kreisen. Oder wenn Sie als Leiterin fixiert sind auf Moral und Anstand in Ihrer Einrichtung. Prüfen Sie sich: Wie stark drängt sich der Gedanke auf, für Recht und Ordnung oder überhaupt für Werte sorgen zu „müssen"? Können Sie noch anderes denken bzw. auch mal davon ablassen? Oder sind Sie eher der Perfektionismustyp, dessen ganzes Denken in Richtung Hygiene („Nicht nur sauber, sondern rein") und Gesundheit geht? Sind Sie hier schwer zufriedenzustellen? Eine andere Form ist der *aktionistische Perfektionismus*, der als perfektionistisches Streben daherkommt: Kontrollieren Sie viel, sind Sie hoch organisiert, geradezu fanatisch hinter Ritualen her, beschäftigen Sie sich viel mit Regelsetzung und -einhaltung, haben Sie hohe persönliche Standards? Laufen Sie mit kritischem Blick durch die Flure und kritisieren Sie, sowie es die Situation zulässt? Bekommen Sie häufig das Feedback, Sie hätten zu hohe Ansprüche?

Aussagen wie „Aber wenn ich doch nun mal so bin?" oder „Ich bin hier doch schließlich verantwortlich!" bestätigen das Zuviel an Genauigkeit und Gründlichkeit. Sie zeigen den inneren Verantwortungsdruck sowie die Orientierung an Ansprüchen, die von außen kommen.

Ist Perfektionismus immer schlecht?

Ein Perfektionismus mit einer hohen Ausprägung im Bereich des perfektionistischen Agierens und einer niedrigen Ausprägung im Bereich der perfektionistischen Besorgnis wird als gesunder oder funktionaler Perfektionismus bezeichnet, wogegen eine hohe Ausprägung in beiden Bereichen mit einem ungesunden oder dysfunktionalen Perfektionismus in Zusammenhang gebracht wird.
Hieraus lassen sich wesentliche Ansatzpunkte für Veränderungen ableiten.

Arbeiten Sie
1. an Ihrem selbst verursachten Verantwortungsdruck (z. B. reflektieren Sie Ihre Rollenzuschreibungen und -übernahmen) und
2. grenzen Sie sich auf wertschätzende Weise gegen Ansprüche von außen ab. Sagen Sie lieber eindeutig „Nein" statt halbherzig „Ja" (vgl. dazu Kap. 2.8).

Betrachten Sie die oben genannten Symptome für Perfektionismus und üben Sie an den einzelnen Stellen einen weicheren Umgang mit sich und anderen!

8. Lernen Sie, nein zu sagen!

Es ist Freitagmittag, 13.30 Uhr. Die Leiterin, Frau Greta B., hat im Büro soweit alles erledigt. Nur ein Gespräch mit der Mitarbeiterin Sylvia S. steht noch an. Danach hat sie vor, ein paar Überstunden abzubauen und früh ins Wochenende zu gehen. Nächste Woche hat sie mal wieder eine Leitungsfortbildung. Sie freut sich schon sehr auf diese Zeit, die ihr die Gelegenheit bietet, einmal jenseits des „Tagesgeschäfts" innezuhalten.

Teilen Sie sich Ihre Zeit gut ein!

Das Gespräch am ruhigeren Freitagnachmittag hatte Frau B. ihrer Mitarbeiterin diese Woche nach einem sehr anspruchsvollen und fordernden Elternabend angeboten, in dessen Anschluss diese Selbstzweifel äußerte und „am liebsten alles hingeschmissen hätte". Frau B. kocht Kaffee, und während dieser durchläuft, wirft sie einen letzten Blick in ihre Mails. Da findet sie eine Nachricht aus der Verwaltung, gesendet um kurz vor 12 Uhr:

„Hallo Frau B., mir fällt gerade ein: Wir möchten nächste Woche die Anmeldungen bezüglich eventueller Doppelanmeldungen miteinander abgleichen und bitten Sie, uns Ihre Daten bis Dienstag 12 Uhr zuzuschicken. Für die Statistik bitte am besten geordnet nach gewünschten Aufnahmedaten und Ganztags-/ Halbtagsbedarfen. In diesem Zusammenhang bräuchten wir natürlich auch die Anzahl der voraussichtlich frei werdenden Plätze in diesem Sommer (wie viele Kann-Kinder, wie viele sichere Schulkinder?) Danke dafür. Ich wünsche Ihnen ein schönes Wochenende, mit freundlichem Gruß Tanja K."

Frau B. kriegt spontan einen Schweißausbruch, ihr Herz rast und ihre Gedanken überschlagen sich: „Das darf doch nicht wahr sein! Jetzt habe ich mich schon so aufs Wochenende gefreut! Und auf meine Fortbildung! Die kann ich mir dann sicher auch abschminken!? Typisch! Immer dasselbe! Und die in der Verwaltung haben natürlich schon Feierabend! Wär ich doch nur schon weg! Vielleicht kann das ja jemand anderes ...? Aber wer? Das kann hier sonst keiner. Da hat keiner so richtig den Überblick. Ob ich Sylvia vertröste? Die kommt schon irgendwie alleine klar! Dann könnte ich die Zahlen heute noch zusammenstellen, damit wenigstens meine Fortbildung gesichert ist. – Aber das kann ich nicht machen! Sylvia war so fertig diese Woche! Wenn ich jetzt keine Zeit für sie habe, fällt das bestimmt auf mich als Leiterin zurück. Aber wenn ich die Zahlen nicht liefere, sicher auch! Die anderen Leitungskräfte machen das wahrscheinlich am Montag fertig und ich bin dann die einzige, die es nicht geschafft hat! Und dann krieg ich zu hören, dass ich Freitag früh gegangen bin oder dass ich auf

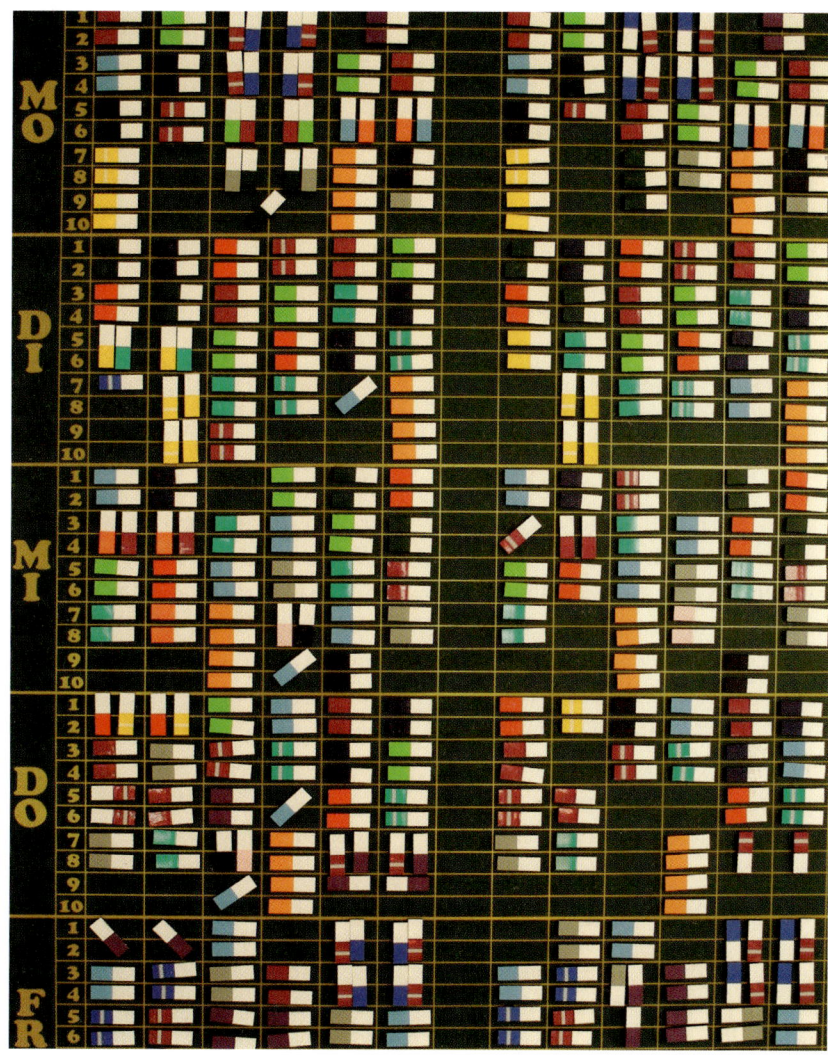

Lassen Sie sich nicht verplanen!

Fortbildung war und die Verwaltungsarbeit deshalb verzögert habe ... Egal, auf meine Fortbildung gehe ich auf jeden Fall! Diese blöde Verwaltung! Und überhaupt: Die sind freitags immer ab 12 Uhr weg – und ich?! ..."

So quält sich Frau B. noch eine Zeit lang herum. Am Ende spricht sie wie geplant mit Sylvia und versucht dabei, Ruhe auszustrahlen. Das gelingt ihr im Laufe des Gesprächs auch zunehmend, weil sie sich unterdessen in ihr Schicksal gefügt hat. Sie hatte kurz bei ihrem Sohn angerufen, um ihm zu sagen, dass es später wird, was dieser gar nicht schlimm fand. Im Anschluss an das Gespräch stellt sie noch die geforder-

ten Zahlen zusammen und schickt sie an die Verwaltung mit dem Angebot, man könne sie während der Fortbildung auf dem Handy anrufen, falls noch etwas fehle oder unklar sei. Um 17.45 Uhr verlässt sie als Letzte das Haus. Die Geschäfte haben lange auf, der Sohn hat sich über „sturmfrei" gefreut – also, was ist schon passiert? Frau B. ist froh, dass nun doch die Fortbildung gesichert ist, und es erfüllt sie ein bisschen mit Stolz, wie sie das gemanagt hat! Auch der Wochenendeinkauf klappt jetzt noch und sie kann ja was Schnelles zum Abendessen kochen. Wenn man will, geht alles! Das sagt sie ihrem Sohn auch immer.

Kennen Sie das?

Kommt Ihnen das, zumindest in Ansätzen, bekannt vor? Auch der Stolz hinterher, der das zeitweilige Gefühl von Stress, Ärger und Ausgebeutet-Werden überdeckt? Wäre dies eine einmalige Situation, könnte man sagen: Prima gemeistert! Das Gefährliche ist nur, dass sich solche Stresssituationen und ihr subjektives Erleben innerlich multiplizieren, der Ärger und das Gefühl des Ausgeliefertseins jedes Mal ein bisschen heftiger ausfallen. Daraus entwickelt sich dann leicht eine Opferhaltung, die die Rolle der Verwaltung als „Täter" festschreibt. Frau B. ist sich dieser Dynamik durchaus bewusst, was aber noch längst nicht heißt, dass sie ihr Verhaltensmuster direkt ändern könnte. Zu kompliziert sind die inneren Zusammenhänge: Frau B. zieht letztlich einen zu großen inneren Nutzen daraus, dass sie die Stress-Situation bewältigt: Sie kann sich stark und effizient fühlen; sie kann sich sicher sein, dass die Arbeit gut gemacht ist, weil sie sie selbst erledigt hat; und sie weiß, dass sie danach Ruhe hat. Außerdem entspricht ihr Verhalten ihren Werten: Sich nicht zu kümmern, sondern stattdessen ins Wochenende zu gehen, hieße, egoistisch zu sein, und das ist nicht okay! Auch hat die Verwaltungskraft Frau K. sehr nett geschrieben, sie meint es ja nicht böse. Also kann sie doch nicht so sein! Und vielleicht glaubt Frau B. insgeheim auch, durch ihren Einsatz bei der Verwaltung punkten zu können, was ihr später einmal nützlich sein könnte …

Warum tun wir uns mit dem Nein-Sagen so schwer?

Warum fällt es uns oft so schwer, nein zu sagen, wo ein Nein richtig und wichtig wäre? Wie im Fallbeispiel beschrieben, kann dies vielerlei Gründe haben (vgl. zu diesem gesamten Kapitel: Nussbaum 2007, S. 140ff.):
- Wir möchten geliebt werden und da nichts riskieren.
- Wir möchten nicht als aufmüpfig und kompliziert („zickig") gelten.
- Wir können uns bei einem Ja als „edel, gut und hilfreich" zeigen.
- Wenigstens wir sind willig. Was wäre schließlich, wenn jeder nein sagen würde?!
- Wir gehen dem Konflikt aus dem Weg.
- Wir wissen von uns, wie stark wir sind und dass wir das auch noch schaffen.
- Wir haben dann bei anderen etwas gut.
- Wir können anderen, die nicht so fleißig sind, ein schlechtes Gewissen machen.
- Wir vermeiden Schuldgefühle, die wir nach einem Nein wahrscheinlich kriegen würden.
- …

All diese Gründe erschweren ein klares Sich-Abgrenzen. Dabei ist Nein-Sagen ein äußerst effizientes Instrument, um Zeit zu gewinnen! Aber nicht nur das: Es macht uns auch selbstbewusster, unabhängiger und erhöht die Wahlmöglichkeiten in vielen Situationen.
Weil für uns selbst – und natürlich auch für unser Gegenüber – das Nein häufig negativ besetzt ist (was viel mit unserer eigenen Erziehung und unseren (Kindheits-)Erfahrungen zu tun hat), geht es zunächst darum, an der eigenen Haltung zum Nein zu arbeiten. Das Nein-Sagen-Lernen

muss also im Kopf anfangen. In einem nächsten Schritt kann man sich dann ein Repertoire von Möglichkeiten, auf wertschätzende Weise nein zu sagen, aneignen.

Die stressreduzierende Haltung zum Nein

Sagen Sie sich, …
- … mit Egoismus hat ein Nein nichts zu tun, denn unter Umständen haben Sie dadurch Zeit gewonnen für andere, sinnvollere Tätigkeiten. Wesentlich ist also, für was Sie die durch das Nein gewonnene Zeit nutzen. Nutzen Sie sie für Ihre eigene Regeneration, ist sie u. U. äußerst sinnvoll eingesetzt – nämlich dann, wenn ansonsten Ihre Arbeitsfähigkeit eingeschränkt wäre!
- … ein Nein muss die Gefühle anderer nicht verletzen! Aber wenn Sie die Befindlichkeit ihrer Mitmenschen schon beschäftigt: Machen Sie sich klar, welche Wirkung Sie – im umgekehrten Fall – auf andere haben, wenn Sie sich „lieb Kind machen" oder Aufgaben annehmen, diese aber halbherzig und genervt ausführen.
- … ein Nein macht sie beliebt! Sie verschaffen sich Profil und die anderen wissen, dass Sie es wirklich so meinen, wenn Sie ja sagen.
- … ein Nein löst in den seltensten Fällen Konflikte aus. Überprüfen Sie, ob diese Befürchtung nicht eine völlig unnötige Vorsichtsmaßnahme und damit „vorauseilender Gehorsam" ist. Konflikte entstehen eher durch Unklarheit, durch ein uneindeutiges Ja oder Nein!

- … nicht jede Nettigkeit muss „bezahlt" werden. Nettigkeit ist wie ein Geschenk und Geschenke werden auch nicht bezahlt. Sind andere nett zu Ihnen, haben sie sich Ihre Nettigkeit und damit Ihr Ja damit nicht erkauft (s. u., positive Manipulationen). Zeigen Sie dem anderen Ihre echte Freude, das genügt!

Wie sage ich freundlich und unmissverständlich nein?

- Schauen Sie dem anderen in die Augen (falls Sie nicht per Telefon oder Mail kommunizieren).
- Begründen Sie Ihr Nein nicht, denn jede Rechtfertigung reizt den anderen zu Gegenargumenten.
- Bitten Sie notfalls um Bedenkzeit und melden Sie sich nach einer Stunde, um zu sagen, dass es trotz reiflicher Überlegung leider nicht geht. Damit signalisieren Sie Ihr Bemühen.
- „Das passt im Moment leider gar nicht" zeigt dem anderen, dass es an der momentanen Situation und nicht an Ihrer Beziehung zu ihm liegt.
- Drücken Sie Wertschätzung aus: „Ich würde das gerne machen, weil ich Sie und Ihre Arbeit schätze, aber …". Auch hier gilt: Verschweigen Sie, was gerade wichtiger ist, sonst geraten Sie in einen Rechtfertigungsstrudel!
- Bei häufig wiederkehrenden Situationen erarbeiten Sie sich ein grundsätzliches Nein: „Ich mache das grundsätzlich nicht". Dem anderen wird klar, dass es nichts mit ihm zu tun hat, sondern die Aufgabe prinzipiell betrifft.

- Verkaufen Sie Ihr Nein geschickt: „Ich kann das heute nicht mehr machen, aber ich biete Ihnen an, nächste Woche …". Mit einem solchen Angebot zeigen Sie Respekt gegenüber dem Wunsch des anderen und der Sache selbst. Und Sie zeigen Ihren guten Willen!
- Machen Sie sich robust gegenüber Jammern, ohne deshalb hart zu werden: Konzentrieren Sie sich auf den inhaltlichen Gehalt der Anfrage. Der andere „lernt" sonst, wie Sie zu „knacken" sind (s. u., Manipulationen)!
- Lachen Sie, machen Sie einen Scherz, z. B. „Ja, das wäre schön, wenn ich das jetzt machen würde, gell?". Humor lockert und nimmt dem Nein die Schärfe. Aber bitte wohlwollender Humor, bei dem der andere mitlachen kann. Kein Sarkasmus!

Manipulationsversuche erkennen

Zunächst einige grundsätzliche Thesen zum Thema Manipulation:

These 1: Der Unterschied zwischen Einflussnahme und Manipulation ist fließend. Sie als Leiterin üben in jeder Kommunikation mit Mitarbeitenden oder Eltern Einfluss aus – mit der Absicht, eine bestimmte Resonanz Ihres Gegenübers hervorzurufen. Die Frage ist also, wo Einflussnahme aufhört und Manipulation beginnt. Wenn man eine Definition versuchte, könnte man sagen, dass Manipulation der Versuch ist, die Machtverhältnisse zu beeinflussen, die eigene Position zu stärken, ohne dass das Gegenüber dies (sofort) bemerkt. Durch verschiedene Strategien soll der andere in eine bestimmte Richtung gelenkt werden.

These 2: Manipulation funktioniert nur so lange, wie der andere es nicht merkt! Aus Krimis kennen wir die Verhörmethode „good guy – bad guy": Der Verhörte soll zu einem Geständnis gebracht werden, indem nach der harten Verhörmethode der zweite Kollege als Freund auftritt, Zigarette und Kaffee anbietet … und das funktioniert meistens! Es funktioniert dann nicht mehr, wenn der Verhörte das Muster durchschaut hat. Mit Manipulationen lassen sich deshalb nur kurzfristige Effekte erzielen, langfristig schlagen sie negativ zu Buche. Wenn Ihr Vorgesetzter an Sie eine für ihn unangenehme Aufgabe delegieren möchte und dieses Ansinnen mit allerlei Komplimenten „veredelt" (Sie seien die Einzige, die so was gut könne etc.), wird er nur erfolgreich sein, solange Sie dies nicht als Mittel zum Zweck und damit als Manipulation entlarven. Das bedeutet nicht, dass Sie jeden Manipulationsversuch zurückweisen müssen. Aber ihn zu durchschauen ermöglicht Ihnen eine innerlich unabhängige Entscheidung. Wenn Sie von der Aufgabenübernahme auch profitieren, tun sie es! Eine Hand wäscht schließlich die andere! Sie tun es dann allerdings nicht aufgrund erfolgreicher Manipulation, sondern weil Sie sich bewusst und eigenverantwortlich dafür entschieden haben.

These 3: Manipulationen sind dann besonders wirkungsvoll, wenn Sie uns an einer verletzlichen Stelle treffen. Kennen Sie diese Punkte bei sich selbst, dann wissen Sie auch, warum Sie bei bestimmten Äußerungen in die Luft gehen möchten oder sich besonders geschmeichelt fühlen. Mit diesem Wissen fällt es leichter, auf Manipulationsversuche souverän zu reagieren. Womit oder wie sind Sie verführbar? Wie gelingt es anderen, Sie zu „kriegen"? Schmelzen Sie dahin, wenn Sie umschmeichelt und bei Ihrer Eitelkeit „gepackt" werden? Oder ist es Ihre Bequemlichkeit, die Sie verführbar macht („Nur was Schnelles, Unkompliziertes, so nebenbei zu erledigen ...")? Oder ist Ihre Schwachstelle Ihre Ängstlichkeit („Wenn wir das nicht rechtzeitig fertig kriegen, dann ...!"). Oft sind es diese drei „Schweinehunde" in uns – Eitelkeit, Bequemlichkeit, Ängstlichkeit –, die uns dabei blockieren, frei und unabhängig zu entscheiden.

Wie verhält man sich am besten bei manipulierenden Gesprächspartnern?

Aus den oben genannten Thesen ergeben sich konkrete Empfehlungen für den Umgang mit Zeitgenossen, die es immer wieder schaffen, uns um den Finger zu wickeln:

- Zunächst ist es wichtig, dass Sie erkennen, wenn Sie selbst das Opfer von Manipulationsversuchen sind.
- Versuchen Sie möglichst, die Manipulationen zu ignorieren und machen Sie sich innerlich unabhängig. Entscheiden Sie auf der sachlichen Ebene und überhören Sie die enthaltene Aussage über die Beziehung des anderen zu Ihnen!
- Versuchen Sie, Ihre eigenen Interessen und Ziele nochmals freundlich darzulegen – möglichst ohne ein „Aber", denn das klingt nach trotzigem Kind. Wertschätzen Sie das Interesse des anderen und

setzen Sie mit einem „Und" (denn fast jedes „Aber" lässt sich durch ein „Und" ersetzen) dem Gewünschten Ihre Position entgegen. Beides ist gleich berechtigt!
- Sprechen Sie freundlich, aber klar das Vorgehen Ihres Gegenübers an, und zwar dann, wenn sich die Manipulationsversuche aus Ihrer Sicht häufen und Ihre Beziehung zum Anderen dadurch zunehmend belastet wird. Vermeiden Sie dabei das Wort „Manipulation", denn dagegen wird der andere sich wehren (müssen). Erklären Sie, welche Art von Argumenten Sie sich wünschen und welche bei Ihnen nicht ziehen. Sprechen Sie nur über sich (Ich-Botschaften).
- Werden Sie sich klar über Ihre eigenen wunden Punkte: Worauf „springen" Sie besonders an? Auf welche Person, auf welches Thema, auf welche Art der vorgebrachten Bitten, evtl. einhergehend mit einer bestimmten Situation? Reflektieren Sie diese Zusammenhänge und fragen Sie sich, welches Ihr Anteil daran ist. Wie können Sie, davon ausgehend, die Situation für sich selbst erfreulicher gestalten?

Weitere Tipps zum Nein-sagen-Lernen

- Halten Sie Zeiten ein, zu denen Sie grundsätzlich nicht mehr erreichbar sind, wie in unserem Fallbeispiel Tanja K. aus der Verwaltung, die freitags ab 12 Uhr im Wochenende ist; keiner würde später noch versuchen, sie zu behelligen.
- Vermeiden Sie Formulierungen wie „normalerweise" oder „eigentlich", z. B. „Eigentlich wollte ich gerade gehen" oder „Normalerweise ist dafür xy zuständig". Es signalisiert Verhandlungsspielraum und lädt den anderen ein, Sie zu überreden.
- Üben Sie im Alltag, nein zu sagen, z. B. am Käsestand, wenn Sie gefragt werden: „Darf's ein bisschen

These 4: Es gibt positive und negative Manipulationen, und sie lösen Unterschiedliches aus.

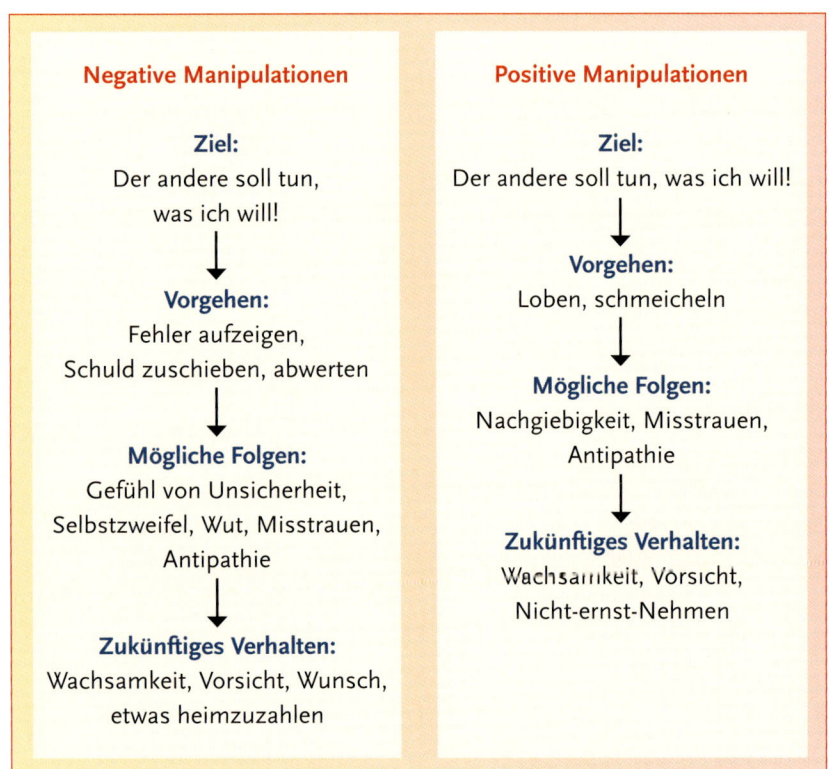

Negative Manipulationen

Ziel:
Der andere soll tun, was ich will!
↓
Vorgehen:
Fehler aufzeigen, Schuld zuschieben, abwerten
↓
Mögliche Folgen:
Gefühl von Unsicherheit, Selbstzweifel, Wut, Misstrauen, Antipathie
↓
Zukünftiges Verhalten:
Wachsamkeit, Vorsicht, Wunsch, etwas heimzuzahlen

Positive Manipulationen

Ziel:
Der andere soll tun, was ich will!
↓
Vorgehen:
Loben, schmeicheln
↓
Mögliche Folgen:
Nachgiebigkeit, Misstrauen, Antipathie
↓
Zukünftiges Verhalten:
Wachsamkeit, Vorsicht, Nicht-ernst-Nehmen

mehr sein?", bzw. üben Sie ein Ja, wenn es von der Bedeutung her einem Nein gleichkommt, z. B. wenn Sie gefragt werden: „Stört es, wenn ich rauche?"

- Verinnerlichen Sie den Satz „In der Sache hart, zum Menschen weich!" Er bringt eine große Kunst – die der Diplomatie – auf einen griffigen Nenner!

- Machen Sie sich klar, welche Rollenhüte Sie tragen und wie diese zu Ihrem Selbstverständnis passen! Haben Sie bisweilen den „Mutter-Hut" auf, weil Ihre Mitarbeiterinnen eher problem- als lösungsorientiert denken und Sie dann mit Lösungen einspringen, und missfällt Ihnen dieses Verhaltensmuster? Dann entwickeln Sie eine Strategie, nicht immer wieder in diese Rolle zu verfallen (s. u., Rollenhüte).

Klären Sie Ihre Rollen!

Liegt Ihnen bisweilen auf der Zunge zu sagen: „Ich bin doch nicht eure Mama!" oder „Ich bin doch nicht euer Mülleimer!"? Das wäre zwar schlechte Kommunikation, aber ein goldrichtiger Ansatz! Stress kann auch damit zu tun haben, dass wir Rollen übernehmen, die zwar den Erwartungen unserer Mitmenschen, jedoch nicht unserem eigenen Selbstverständnis entsprechen. Ob wir in diese Rolle geraten, hat aber nicht nur mit den Zuschreibungen anderer zu tun, sondern oft mit unserer teilweisen Rollenübernahme, die die Erwartungen der anderen bestätigt und damit in einer Manifestation mündet. Sie haben „Spieleinladungen" Ihrer Mitmenschen angenommen, sich auf

diese eingelassen und sie aufgesetzt wie einen Hut – so wie der Polizist, der Koch, die Krankenschwester, der Arzt, die Bäuerin, der Richter usw. ihre Kopfbedeckungen tragen und sich damit zu einer Gruppe zugehörig zeigen.

Überprüfen Sie daher, welche Rollenhüte Sie häufig tragen! Den der Mutter, der Beraterin, der Freundin, der Koordinatorin, der Richterin, der Macherin, der Vermittlerin, der Innovatorin, der Bewahrerin, der Stimmungsmacherin, der Kritikerin, der Rebellin ...?

Nennen Sie die sieben Rollenhüte, die Sie im beruflichen Kontext am häufigsten aufhaben (vgl. Kasten). Stellen Sie sich Situationen vor, die Sie zu der jeweiligen Rolle „einladen". Wie werden Sie künftig mit diesen „Einladungen" umgehen?

Meine Rollenhüte

Nr.	Name des Hutes	Situation	Meine zukünftige Strategie
1			
2			
3			
4			
5			
6			
7			

Reflektieren Sie:

- Welchen Hut möchten Sie weiterhin tragen, weil sich in ihm Ihr Selbstverständnis und die Erwartungen anderer an Sie decken? Vielleicht möchten Sie einen sogar ausschmücken und „aufpeppen"?
- Welchen Hut möchten Sie ablegen und auch künftig ablehnen, weil er zwar andere zufriedenstellt, aber Ihrem Selbstverständnis nicht entspricht? Wie könnten Sie ihn zurückweisen, ohne andere zu verprellen?
- Gibt es alternative Hüte, die Ihnen entsprechen und die Sie gerne tragen würden? Wie schaffen Sie es, einen solchen neuen Hut in Einklang mit den Erwartungen anderer zu bringen?

9. Behalten Sie den Überblick!

Der Jahresbeginn ist die Zeit der guten Vorsätze. Warum nur sind diese oft schon ein paar Wochen später Makulatur geworden? Wie behalten Sie Ihre Vorhaben im Blick und verhindern deren Versanden? Sie haben sich vielleicht vorgenommen, sich mit Leitungskolleginnen besser zu vernetzen oder am Ablegen ungeliebter Rollenhüte zu arbeiten. Außerdem haben Sie den Vorsatz gefasst, mit Ihrem Team am Thema „Profilentwicklung" zu arbeiten.

Parallel müssen aber auch die Nutzerfrequenzanalyse und die Elternbefragung laufen, denn der Träger betreibt in einem einrichtungsübergreifenden Projekt die Entwicklung eines Jahresarbeitszeitmodells. Daneben haben Sie mit Ihrem Team verschiedenste Aufgaben vereinbart, deren Umsetzung Sie sicherstellen möchten: Gruppe A hat vor, im nächsten halben Jahr eine Laborecke einzurichten, sich diesbezüglich fachlich fit zu machen und entsprechende Angebote für die Kinder zu entwickeln. In Gruppe B wünschen sich Eltern mehr Elternabende und -nachmittage, und dies soll im nächsten Jahr umgesetzt werden ...

So laufen viele Projekte über einen längeren Zeitraum parallel und drohen, eins hinter dem anderen zurückzufallen. Das Gefühl, den Überblick zu verlieren, oder die Befürchtung, Dinge zu vergessen, bereitet vielen Leitungskräften inneren Stress und schlaflose Nächte. Die Erfahrung zeigt, dass allein eine Übersicht über die laufenden Themen eine immens beruhigende Wirkung hat. Seltsamerweise fühlt sich der Berg an laufenden Projekten, wenn er auf einer DIN A 4-Seite visualisiert wird, auch kleiner an. Entwickeln Sie Ihr eigenes Instrument „Operationsplan" und beruhigen Sie damit nicht nur sich selbst, sondern auch Ihr Team und die Eltern Ihrer Einrichtung. Natürlich können Sie auch verschiedene Bögen führen: Öffentliche für Ihr Team oder die Elternarbeit und individuelle mit Themen, die nicht jeder sehen muss (z. B. wenn Sie an eigenen Lernzielen arbeiten möchten). Die Tabelle auf Seite 29 kann zu diesem Zweck als Kopiervorlage verwendet werden.

10. Ordnung ist das halbe Leben!?

Menschen halten es bekanntlich sehr unterschiedlich mit der Ordnung. Die einen können an einem unaufgeräumten Schreibtisch keinen klaren Gedanken fassen, andere pflegen ihr „kreatives Chaos" und fühlen sich durch zu viel äußere Struktur in ihrem Denken eingeengt. Beides hat natürlich seine Berechtigung. Betrachten wir das Thema Ordnung jedoch unter dem Gesichtspunkt des Zeitmanagements, lässt sich nicht leugnen, dass mangelnde Ordnung zu unnötigem Zeitverlust durch Suchen führt.

An dieser Stelle sei ein einfach anzulegendes und äußerst nützliches Hilfsmittel empfohlen. Es setzt auf Schriftlichkeit, sodass nichts verloren geht, und auf Allround-Unterstützung in vielfältigen Situationen und für vielfältige Belange.

Das Super-Buch

In bilingualen KiTas nennt es sich „Daily routine", mancherorts schlicht „KiTa-Buch". Der Clou ist, dass Sie ab sofort auf Schmierzettel und Post-its verzichten können, die sich immer dann, wenn Sie sie suchen, erst mal oder gar nicht mehr finden lassen. Sie haben ab jetzt ein Buch (am besten DIN A 5), das Sie überall hin begleitet und immer zur Hand ist, wenn Sie sich etwas notieren möchten. Das kann am Telefon sein, bei Besprechungen, am Schreibtisch

Mein Operationsplan für das Jahr ...

Nr.	Aktivität/ Projekt	Zwischen- ergebnis	Monate												Verantwortlich	Vereinbarte Qualität	Sonstiges
			1	2	3	4	5	6	7	8	9	10	11	12			

Stand: _____

Nächste Überprüfung: _____

oder bei Dienstgängen. Sie sammeln so alles Wichtige *an einem Ort* und nicht an vielen verschiedenen. Sie legen Ihre Notizen, Aufgaben und sonstiges Merkenswerte übersichtlich an und finden es immer wieder. So ist das Super-Buch – zumal alle Aufzeichnungen mit Datum versehen werden – auch eine Art Dokumentation Ihrer Tätigkeit und Sie können auch Erledigtes schnell noch mal nachschlagen.

Und so arbeiten Sie mit dem Super-Buch:

- Morgens schreiben Sie das Datum auf die erste Seite bzw. unter die letzte Eintragung.
- Notieren Sie alles Merkenswerte stichwortartig – und zwar dann, wenn es anfällt.
- Ihr Super-Buch hat einen festen Platz auf dem Schreibtisch, und zwar aufgeschlagen und mit einem Stift daneben. So ersparen Sie sich Suchen, Aufschlagen usw.
- Nehmen Sie Ihr Super-Buch zu Terminen außer Haus mit, und zwar immer; so wie Sie Ihren Schlüssel, Ihren Geldbeutel, Ihr Handy auch immer mitnehmen.
- Gegen Ende des Arbeitstages pflegen Sie Ihre Eintragungen: Überführen Sie Aufgaben in Ihre Planung für den nächsten Tag, geben Sie Infos daraus noch weiter usw.
- Kennzeichnen Sie Punkte, die Sie schnell wiederfinden und bearbeiten möchten, mit einem Symbol oder Buchstaben (z. B ein „I" für Information, ein „E" für Erledigen, ein „A" für Aufgabe o. Ä.) oder arbeiten Sie mit bunten Neon-Markern, deren Farben Sie den verschiedenen Kategorien zuordnen. Aber übertreiben Sie es nicht: Ist jede Notiz „angemarkert"

oder mit einem Ausrufezeichen versehen, so dient das nicht gerade der Übersichtlichkeit.

- Schießen Ihnen manchmal gute Ideen durch den Kopf, bei denen Sie aber gerade nicht wissen, wie weiter damit? Weil eben im Moment nicht der richtige Zeitpunkt dafür ist und Sie das auch erst noch weiter durchdenken müssten. Halten Sie die Idee im Super-Buch fest und unterstreichen Sie z. B. „Idee". Es wäre doch schade, wenn sie verloren ginge, denn irgendwann hat alles seine Zeit!

Machen Sie das Buch zu einem ganz persönlichen Gegenstand, der Sie unterstützt. Widmen Sie ihm Ihre Zeit, wenn Sie gerade in einem biologischen Leistungstief sind: Schauen Sie bei einem Kaffee Ihre Notizen durch und ziehen Sie Ihre Konsequenzen für die nächste Arbeitsphase daraus. Haken Sie genüsslich ab, was erledigt ist, und streichen Sie die ganze Seite diagonal durch, wenn Sie abgearbeitet ist: Der Gewinn an Zufriedenheit dient Ihrer Selbstmotivation ungemein!

11. Grenzen individuellen Zeitmanagements

Dem individuellen Zeitmanagement eines jeden Menschen sind in erster Linie Persönlichkeits- und Kulturgrenzen gesetzt, aber auch biologische Faktoren wie die Leistungskurve spielen eine Rolle. Häufig sind es aber auch institutionelle Grenzen wie Arbeitszeitmodelle, Fahrpläne und Öffnungszeiten, die uns einen Strich durch die Zeitrechnung machen.
Solche Grenzen – auch Restriktionen genannt – sind meist starr, d. h. für

sie gibt es keine Lösung. Daraus folgt zweierlei:

- *Vermeiden Sie Restriktionen,* wo es schadlos möglich ist. Eine Zugfahrt kann z. B. zur institutionell bedingten Restriktion werden, eine Autofahrt nicht, weil sie keinem Fahrplan unterliegt. Auch wenn dies keine ökologisch sinnvolle Empfehlung ist, so kann sie unter Zeitmanagement-Gesichtspunkten wertvoll sein.
- *Beschäftigen Sie sich so wenig wie möglich mit Restriktionen!* Menschen, die sich z. B. allzu lange mit dem neuen Arbeitszeitmodell ihres Arbeitgebers befassen, ohne in einer entsprechend einflussreichen Position zu sein, schwächen sich hierdurch, denn es entsteht eine Art Problemhypnose – also die Fokussierung ihrer ganzen Aufmerksamkeit auf das Problem, ohne Aussicht auf Lösung.

Neben den genannten Dimensionen stellt Zeitmanagement aber auch eine enorme soziale Anforderung dar – nämlich dort, wo es gilt, unsere zeitlichen Vorstellungen und Erfordernisse mit anderen zu synchronisieren. Wie in einem Chor oder Orchester, so ist das Ergebnis nur dann harmonisch, wenn die Einsätze stimmen, wir die Töne gleich lang halten usw. Daraus ergibt sich zwangsläufig die Hypothese, dass Zeitprobleme oftmals auch soziale Probleme sind bzw. eine Folge von mangelnder Abstimmung. Da ist es eben keine gute Ausrede, keine Zeit für eine übernommene Aufgabe gehabt zu haben, denn zumindest Kommunikation mit dem Ziel der Synchronisation wäre dann die Aufgabe gewesen, für die man sich hätte Zeit nehmen müssen. Die Zeit, die es im Anschluss kostet, Konflikte aus der Welt zu räumen kann durch frühzeitige Abstimmung reduziert werden.

3. Wenn das Zeitmanagement zu kippen droht

1. ADS und Burn-out bei Führungskräften

Katharina W. tickt mit dem Kugelschreiber auf die Schreibtischplatte, während sie die E-Mails durchsieht. Sie führt ein Telefonat mit der Verwaltung, beißt sich dabei auf die Unterlippe, ihre Knie wippen und sie greift mehrfach zur Kaffeetasse. Als eine Mitarbeiterin in der Tür erscheint, zuckt sie zusammen: „Oh, ist es schon so spät? Ja, ich komme! Ich muss nur noch schnell ...". Während der Besprechung klingelt das Telefon, eine Mutter

klopft an die Tür, sie hat nur eine kurze Frage ... Katharina hat das Gefühl, sie wird noch verrückt. Dieses Gefühl entsteht durch eine permanente Überforderung und Überreizung des Gehirns aufgrund von Umweltfaktoren, die als nicht veränderbar erlebt werden und zu immensem Stress führen.
Der Psychiater Edward M. Hallowell (vgl. Schaake 2008, S. 40) stellt fest, dass sich das Phänomen Aufmerksamkeits-Defizit-Syndrom bei Erwachsenen vor allem bei Führungskräften beobachten lässt und sich die Zahl der Betroffenen in den

letzten zehn Jahren verzehnfacht (!) hat. Dass dies nur auf die freie Wirtschaft zutrifft, bezweifle ich aufgrund meiner Beobachtungen im Bildungsbereich stark.

Hintergrund

- *Gestiegene Komplexität:* Das Arbeitsfeld KiTa ist sehr viel komplexer geworden. So nehmen heute eine Reihe von Themen breiten Raum ein, die noch vor zehn Jahren keine Rolle spielten, ja vielleicht sogar noch nicht mal als Begriff Relevanz hatten: Dokumentation, Evaluation, Portfolio, Qualitätshandbuch, frühkindliche Bildung, Netzwerkarbeit, Familienzentrum, Jahresarbeitszeitmodell, Eigenbetrieb, Budgetierung ... Gestiegene Komplexität führt dazu, dass eine Riesenmenge an Informationen gleichzeitig verarbeitet werden muss und zu schnell zu große Entscheidungen erforderlich werden.

- *Gestiegene Instabilität:* Das Arbeitsfeld KiTa ist nicht nur komplexer, sondern auch instabiler geworden, weil Veränderungsprozesse sich nahtlos aneinanderfügen. Da wird umstrukturiert, um neue Altersstufen erweitert, da werden neue Bildungspläne implementiert, Zielvereinbarungsgespräche und Führungsfeedbacks eingeführt ... Die eine Veränderung ist noch nicht abgeschlossen, das Neue noch nicht in Fleisch und Blut übergegangen, da wird schon „die nächste Kuh durchs Dorf getrieben".

In Organisationen dieser Komplexität und in Zeiten der Instabilität müssen Leitungskräfte einen inneren Spagat vollziehen, um erforderliche Führungsparadoxien zu praktizieren.

Innere Zerreißproben

- *1. Paradoxon: Hart und weich zugleich.* In instabilen Zeiten müssen Führungskräfte hart sein in der Entwicklung von Zielen und Visionen, sich und ihre Mitarbeiterinnen immer wieder zur Reflexion auffordern und kontinuierlich überprüfen, ob eine „Kurskorrektur" notwendig ist. Gleichzeitig müssen sie weich sein, indem sie einzelnen Mitarbeiterinnen

gegenüber die Rolle des Coachs einnehmen, der unterstützt und begleitet auf dem Weg zur Zielerreichung – gerade in Zeiten, in denen nichts so zuverlässig ist wie die Veränderung. Führungskompetenz heißt vor dem Hintergrund dieser Aufgabenstellung eigene Zielklarheit und zugleich beraterische Kompetenz.

- *2. Paradoxon: Destabilisierung und Stabilisierung zugleich.* Verfahrensweisen und Prozesse, die sich über Jahre eingeschliffen haben und irgendwann nicht mehr den veränderten Marktbedingungen und/oder Strukturen entsprechen, müssen durch Führungskräfte zielgerichtet destabilisiert werden. Wichtig ist, Vorbild zu sein im Hinterfragen eingefahrener Verfahrensweisen und im Entwickeln von Kreativität hinsichtlich neuer, passenderer Vorgehensweisen. Auf der anderen Seite müssen Führungskräfte stabilisieren, indem sie

gemeinsame Ziele und Visionen entwickeln, die Faszination und Neugier wecken. Sie müssen eine gemeinsame Identität stiften und diese vorleben. Sie müssen also auf der operativen Ebene destabilisieren und auf der Beziehungsebene stabilisieren. Voraussetzung dafür ist, dass sie sich selbst gut führen können, prozessorientiert denken und handeln und kreativ im Entwickeln von neuen Wegen sind.

Aus den beschriebenen Phänomenen der Komplexität und Instabilität und den paradoxen Anforderungen können bei Leitungskräften neuronale Blockaden entstehen, wie Kinder sie beim Lernen von Formeln oder Vokabeln kennen.
Die Symptome von ADS (siehe Kasten) entwickeln sich schleichend. Erst fallen eine Reihe kleinerer Zwischenfälle oder Fehler auf, auf die die betroffene Person mit größerer Anstrengung und Anspan-

---

Symptome von ADS bei Erwachsenen

- Abgelenktheit, mangelnde Konzentrationsfähigkeit
- innere Unruhe
- Fokussierung der operativen Tätigkeiten zulasten der strategisch-konzeptionellen
- Gefühl der Lähmung
- Gefühl, der Arbeit irgendwann nicht mehr gewachsen zu sein
- zunehmende Anspannung
- zunehmende Gereiztheit
- Vergesslichkeit
- Versuche, mehrere Dinge gleichzeitig zu tun
- Aufladen von immer mehr Arbeit
- auf die Frage „Wie geht's?" als erstes negative Antwort
- Weigerung, Probleme wahrzunehmen
- permanente leise Panik
- heimliche Schuldgefühle
- Nach außen tun, als wäre alles in Ordnung (deshalb lange kein Hilfeholen)

nung reagiert. Durch diese Reaktion hat sie im Anschluss noch mehr Arbeit statt der notwendigen Entlastung.

Ein Teufelskreis

Laut Hallowell, der ADHS bei Kindern und ADS bei Erwachsenen erforscht, ist das größte Problem nicht die formell diagnostizierbare Störung wie z. B. Unkonzentriertheit, sondern die Angst, die damit einhergeht. Das Gehirn gerät in Panik beim fünften Telefonat innerhalb von drei Minuten an einem Tag, an dem zwei Kolleginnen plötzlich erkrankt sind, drei Mitarbeiterinnen ein Gespräch wünschen, zum x-ten Mal zu wenig Essen geliefert wurde, die fünfte Mutter auf einen Fehler in der Einladung zum Elternabend hinweist ...

Angst und die damit verbundene Adrenalinausschüttung, die uns – ohne viel Nachdenken – die schnelle Flucht ermöglicht, sind als archaische Verhaltensmuster in uns angelegt und sehr sinnvoll, wenn wir uns einer realen Bedrohung gegenübersehen (z. B. einer giftigen Schlange). Aber bei einer Vielfalt an Herausforderungen, die die volle Aufmerksamkeit fordern, ist dies natürlich eine eher unproduktive Reaktion.

Die Leistungsfähigkeit leidet – wie bei einem Kind, das blockiert ist und etwas nicht versteht, was es normalerweise in anderem Kontext

„babyleicht" findet. Die Blockade führt zur Nichtbewältigung der Situation, was die Panik erhöht. Atmung, Herz-Kreislaufsystem, Hormone, Nervensystem spielen mit und halten diesen Teufelskreis aufrecht. Die Führungskraft arbeitet dann im „Überlebensmodus", sieht die Dinge schwarz-weiß statt differenziert, neigt zu Hauruck-Entscheidungen oder Lähmung – vergleichbar mit dem Flucht- oder Totstell-Reflex von Tieren in Not. Der Blick für das große Ganze geht verloren, es findet kaum noch ein Abwägen oder aktives Handeln statt, sondern fast nur noch ein bloßes Reagieren auf Reize von außen. Fatal ist, dass dieser Teufelskreis, ist er bei der Leitungskraft erst mal in Gang gesetzt, zurückwirkt auf das eigene System: Fehler werden immer häufiger, die Arbeit wird immer weniger effektiv, das Verhalten immer (selbst-)zerstörerischer. Das Problem ist das Coming-out: Überfordert zu sein wird selten als Folge äußerer Bedingungen akzeptiert, sondern die Person wird als schwach und nicht belastbar abgewertet. Da hilft nur eins:

Love it, leave it or change it!

- *Love it:* Es gleich zu lieben, ist vielleicht eine übertriebene Forderung. Aber schauen Sie, ob Sie nicht Ihre Bewertung ändern können: Was Sie bis heute gestresst hat, sehen Sie morgen mit buddhistischer oder kölscher Gelassenheit („Et küt wie et küt"). Söhnen Sie sich aus, machen Sie Frieden mit dem, was Sie als nicht veränderbar einschätzen.

- *Leave it:* Überlegen Sie ernsthaft, ob es Alternativen gibt: Das Leben bietet so viel! Und es ist zu wertvoll, um sich mit etwas abzumühen, was nicht wirklich passt für Sie und Ihre Vorstellungen von Leben und Arbeiten! Lassen Sie den Entschluss reifen, aber verpassen Sie auch nicht den richtigen Zeitpunkt. Irgendwann heißt es: „Es gibt nichts Gutes, außer man tut es!"

- *Change it:* Sehen Sie Ansatzpunkte, Dinge zu verändern? Setzen Sie die Priorität der Veränderung bei sich selbst: Schaffen Sie eine angstfreie Atmosphäre für sich, in der Ihr Gehirn optimal arbeiten kann. Aktivieren Sie Ihr Wohlfühlzentrum, statt Ihren Überlebensmodus: mit Feng-Shui im Büro, Einzel-Coaching nur für Sie, Sport und Entspannungsmethoden ... Der wichtigste Schritt: Gestehen Sie sich ein, dass Sie ein Hilfsprogramm brauchen!

Auch Sie kennen Menschen, die keiner der drei genannten Empfehlungen folgen: Es sind die, deren Frustration irgendwann in Verbitterung und Resignation übergeht. Vermeiden Sie das! Entscheiden Sie sich für einen der drei Wege. Übernehmen Sie Eigenverantwortung statt die Dinge auszusitzen – in den wenigsten Fällen erledigen sie sich von selbst!

ADS bei Mitarbeiterinnen

Wenn Sie Symptome von ADS bei Ihren Mitarbeiterinnen beobachten, sollten Sie diese bewusst im Blick haben, damit sie kein Durcheinander schaffen oder negative Stimmung verbreiten. Beobachten Sie, ob nicht wichtige Verfahrensweisen abgekürzt oder aus Nachlässigkeit Fehler gemacht werden. Sprechen Sie die betreffende Mitarbeiterin in geschützter Atmosphäre auf Ihre Beobachtungen an, vermitteln Sie Verständnis und vereinbaren Sie ein Hilfsprogramm. Dieses könnte

beispielsweise bei der Prioritätensetzung beginnen, die immer die Möglichkeit bietet, bestimmte Dinge besonders gründlich zu bearbeiten und dafür andere mit weniger Engagement zu erledigen. Darüber hinaus kann an allen anderen Tipps zur Entlastung angesetzt werden, die in diesem Heft geboten werden. Empfehlen Sie auch das Modell „Love it, leave it or change it!" Aber nehmen Sie sich Zeit, den Gedanken dahinter wertschätzend zu vermitteln, damit nicht das „leave it" als Hauptbotschaft ankommt!

Das Burn-out-Syndrom im Vergleich zu ADS

ADS ist im Wesentlichen eine Reaktion auf eine extreme Beschleunigung und wachsende Anforderung am Arbeitsplatz, die bewältigt werden muss. ADS kann damit jeden treffen, der in einem hektischen Umfeld arbeiten muss und dort großem Druck ausgesetzt ist.

Das Burn-out-Syndrom hingegen trifft in erster Linie Menschen mit extrem hohen Ansprüchen an sich selbst, die nicht mit der Realität im Einklang stehen. Es trifft Menschen, die nicht nein sagen können und einen persönlichen Gewinn aus ihrem (Über-)Engagement in Form von Anerkennung ziehen – bis sie eines Tages an ihrer Belastungsgrenze angelangt sind oder ihnen die Ausnutzung durch andere schmerzlich bewusst wird. Meist ist ihnen sogar klar, dass sie an der Verfestigung dieses Musters selbst mitgearbeitet haben, kommen da aber nur schwer heraus, weil dann in der Regel ihre Identität als besonderer Leistungsträger – der sie zweifellos sind – in Frage gestellt ist. Die Bearbeitung ist auch entsprechend schwieriger, weil eine neue Identität aufgebaut werden muss und die Verführungen des Arbeitsalltags, sich besonders ins Zeug zu legen, analysiert werden müssen, damit der Umgang damit verändert werden kann.

Grob lässt sich also der Unterschied so definieren, dass beim ADS das Arbeitsumfeld eine entscheidende Rolle spielt und jeder an diesem straucheln kann, während es beim Burn-out immer Anteile bei der Person selbst gibt.

2. Das Phänomen Bore-out

Hand aufs Herz: So gestresst Sie sich häufig fühlen, so langweilig finden Sie Ihre Arbeit manchmal auch? Sie sind nervlich angespannt, aber nicht wirklich interessiert an dem, was Sie tun? Sie sind manchmal auch insgeheim ganz froh, wenn Sie mangelnde Zeit als Argument anführen können? Sie sind nicht allein!

Burn-out und ADS sind längst erforscht. Nun fällt Psychologen und Coachs seit einiger Zeit das Phänomen des Bore-out auf, zu dem es inzwischen eine ganze Reihe von Untersuchungen gibt. In einer amerikanischen Studie mit mehr als 10.000 Arbeitnehmern gab ein Drittel aller Befragten an, bei der Arbeit unterfordert zu sein und deshalb während knapp zwei Stunden pro Tag – ohne offizielle Pausen – private Dinge am Arbeitsplatz zu erledigen. In einer weiteren Umfrage gaben 10% der Befragten explizit an, bei der Arbeit unterfordert zu sein. Und gemäß einer Gallup-Studie haben in Deutschland 77% aller Beschäftigten keine oder nur eine geringe emotionale Bindung zum Arbeitgeber. Die Studie sieht die Ursache dafür unter anderem darin, dass diese Menschen keine Position ausfüllen, die ihnen wirklich liegt. Das Verflixte ist, dass Bore-out (bore, engl. = langweilen) sich anfühlt wie das Burn-out-Syndrom: Die Arbeit macht keinen Spaß und fällt immer schwerer, Abschalten ist kaum möglich, der innere Druck wächst, auch das Gefühl, dass es so nicht weitergehen kann. Nur: Ist es ein Zuviel oder ein Zuwenig? Und was ist zu viel, was zu wenig?

Symptome von Bore-out

- *Gefühl von Unterforderung:* Denken Sie z. B. manchmal, dass Sie noch mehr können, als sich um einen geregelten Ablauf in der KiTa zu kümmern, die Probleme von Kindern und Eltern zu verstehen, das Personal zu motivieren und seinen Einsatz zu koordinieren, Verwaltungsangelegenheiten zu erledigen usw.? Kennen oder ahnen Sie ungenutzte Potenziale und ertappen Sie sich öfters beim Träumen oder beim Gedanken an „Wenn ich erst mal ..., dann ...“? Werden Sie neidisch, wenn Sie mit Menschen zusammen sind, die interessante Berufe ausüben und schon wieder eine neue Chance erhalten haben? Merken Sie das daran, dass Sie dann dazu neigen, dies abzuwerten? Haben Sie schon Seminarmarathons hinter sich – immer auf der Suche nach dem gelobten (Arbeits-)Land?

- *Langeweile:* Langweilen Sie Ihre Aufgaben und überlegen Sie manchmal, was Sie jetzt am besten tun könnten? Irgendwas gibt es natürlich immer zu tun! Es gibt jedoch Aufgaben, da merkt es keiner, wenn Sie sie mit möglichst geringem Aufwand bearbeiten. Andere wiederum erledigen Sie gründlicher als eigentlich nötig, weil Sie einigermaßen Spaß machen und Sie dann beschäftigt sind. So erstellen Sie z. B. Listen nicht nur des Überblicks willen, sondern gestalten sie auch noch mit allen technischen Raffinessen. Und Sie sagen sich, Gespräche zu führen ist natürlich auch immer wichtig, wenn Eltern, Mitarbeiterinnen oder Trägervertreter vor Ihnen stehen. So viel Zeit muss immer sein!

- *Identifikationsprobleme:* Identifizieren Sie sich wenig mit Ihrem Arbeitgeber und Ihrem Arbeitsplatz? Haben Sie ein ungutes Gefühl, wenn Sie im Urlaub oder auf einer Party die Frage nach Ihrer beruflichen Tätigkeit beantworten? Haben Sie die neuen Fachzeitschriften auf dem Tisch liegen, sie aber noch nicht gelesen, ohne das bedauerlich zu finden? Suchen Sie sich Fortbildungen – wenn überhaupt – eher nach dem Referenten oder dem Ort als nach dem Thema aus, und gefällt Ihnen in erster Linie der Aspekt, mal wieder ein paar Tage weg zu sein? Gehen Sie auf die nächste Fortbildung, bevor das erworbene Know-how der letzten umgesetzt werden konnte? Lieben Sie Projektgruppen, am liebsten mehrere parallel, um auch hier immer mal Abstand vom Alltag zu finden und gleichzeitig zu demonstrieren, wie engagiert Sie sind?

Bore-out ist ebenso wie das Burn-out-Syndrom ein ernst zu nehmendes Problem für die Betroffenen. Der Bore-out ist sogar besonders fatal: In unserer Leistungsgesellschaft ist es akzeptierter, wenn jemand ausgebrannt ist aufgrund jahrelangen übergroßen Engagements, freiwilliger Überstunden, unverlangter Zusatzleistungen ... Jedoch gestresst und unzufrieden zu sein, weil die Arbeit nicht ausfüllt, wird schnell als Faulheit ausgelegt. Der Unterschied zwischen Faulheit und Unterforderung: Wer faul ist, will nicht arbeiten, egal, was ansteht. Wer unterfordert ist, will arbeiten, erhält aber an diesem Arbeitsplatz nicht die seinen Fähigkeiten entsprechenden Herausforderungen.

Aufgrund der gesellschaftlichen Nicht-Akzeptanz „muss“ beim Bore-out geradezu ein Weg gefunden werden, der die Akzeptanz nicht gefährdet. Deshalb verwundert es nicht, wenn mit den oben genannten Symptomen oftmals Strategien verknüpft sind, die nicht nur das wahre Gesicht verstecken helfen, sondern sogar den Eindruck erwecken, man sei besonders engagiert und eifrig. Der Alltag dreht sich dann manchmal so sehr um die Anwendung der Strategien, dass die betroffene Person diesen irgendwann selbst Glauben schenkt. Das erschwert das Problembewusstsein, das beim Burn-out wesentlich leichter, weil systemkonformer ist.

Wie entsteht Bore-out?

Kinder sind begeisterungsfähig, wenn man sie lässt. Sie interessieren sich zudem meist für Dinge, deren Anspruchsniveau auf einer höheren Stufe liegt als die, auf der sie sich bereits sicher bewegen. So lernen sie und finden sich auf immer höheren Entwicklungsstufen wieder. Manchmal wird dieses natürliche Bedürfnis, weiterzukommen, auch frustriert, z. B. wenn Anregungen fehlen, Menschen ihnen Angst statt Mut machen, Erfolge nicht gewürdigt oder Misserfolge nicht gut verarbeitet werden können – für Pädagoginnen nichts Neues. Im Laufe der Zeit entsteht dann das Lebensmotto „Lieber als Einäugiger unter den Blinden König sein als unter den Sehenden konkurrieren müssen". So beginnt der Bore-out meist schon mit der Berufswahl; die eigene Kraft wird nicht in eine Ausbildung investiert, die dem vorhandenen Potenzial entspricht. Eine weitere Möglichkeit für den Einstieg in die „Bore-out-Biografie" ist die Wahl des Arbeitgebers. Da wird ein Arbeitgeber gewählt, der nicht zu anspruchsvoll ist: Schon beim Lesen von Stellenanzeigen schrecken diejenigen mit den ausgefeilten innovativen Konzepten, Qualitätsmanagement-Systemen und hohen Anforderungen an die Eignung der Bewerber ab, selbst wenn die Anforderungen erfüllt sind. So ist die Entscheidung entweder für den falschen Beruf oder für den falschen Arbeitgeber gefallen – falsch insofern, als die Anforderung unter den eigenen Möglichkeiten liegt. Sind ADS- und Burn-out-Betroffene hinsichtlich der Anforderungen überfordert, so sind Bore-out-Betroffene unterfordert. Weder ist ein Mensch so oder so, noch ein Arbeitsplatz per se ein guter oder schlechter, sondern es geht immer um die Passung zwischen Mitarbeiterin und Arbeitsplatz, die stimmen muss. Was aber macht diese Passung aus? Hierfür sollten vor allem zwei Elemente gegeben sein:

- *Sinnhaftigkeit:* Die Arbeit muss als sinnvoll erlebt werden. Es gibt Menschen, für die steht der Spaß im Vordergrund, aber wenn dies alle so sehen würden, gäbe es wohl keine Müllabfuhr, keine Streetworker oder Leichenbestatter. Sinnhaftigkeit kann den fehlenden Spaß ersetzen und immer wieder neue Kräfte mobilisieren. Auch die KiTa-Arbeit muss als sinnvoll angesehen werden können. Fragen Sie sich: Würden Sie Ihr Kind und vielleicht später Ihre Enkel in Ihre KiTa geben? Nur dann nämlich ist Ihre Investition sinnvoll für Sie!

- *Verhältnis Routine – Herausforderung:* Überprüfen Sie, welches das für Ihren Persönlichkeitstyp passende Maß an Routine und Herausforderung darstellt. Bei Antritt einer neuen Stelle werden Sie zwangsläufig fast 100% Herausforderung erleben, nichts geht automatisch, alles erfordert noch Nachdenken und Orientierung. Im Laufe der Zeit wird das weniger und die Routine nimmt zu, was den Alltag entspannter macht. Nur Richtung Null sollte die Herausforderung nicht gehen, denn sonst ist der Bore-out nicht weit!

Die Selbstdiagnose fällt schwer

Anderen von unserer Langeweile zu berichten, macht uns für andere langweilig. Schon deshalb müssen wir geradezu in Gesprächen von Stress berichten! Auch ernten wir so vielleicht ein bisschen Mitgefühl, was uns ja immer guttut. Außerdem sind wir wichtiger, wenn wir an einer hoch brisanten Stelle unserer Gesellschaft arbeiten. Also wären wir äußerst ungeschickt, wenn wir unser Gefühl von Langeweile zuließen oder gar äußerten. Noch ein interessantes Phänomen: Langeweile quält mehr als zu viel Arbeit! Vielleicht steigern sich manche Menschen deshalb eher in ein Gefühl von Überforderung hinein, als von Unterforderung. Die Unterforderung könnte auch eher die Notwendigkeit des Selbst-aktiv-Werdens nahelegen als die Überforderung, an der ja schließlich die Arbeitswelt und nicht wir selbst „schuld" sind. Wohlgemerkt: Ich rede hier von unbewussten Strategien, die noch dazu einer inneren Logik entsprechen. Coaching und Supervision sollten meinem Verständnis nach dieses Phänomen mehr in den Blick nehmen, da eine Selbstdiagnose hier oftmals aus den genannten Gründen schwerfällt und das Umfeld dazu beiträgt, dass das Phänomen nur bei größtem Vertrauen offen angesprochen werden kann.

Die Selbsterkenntnis – der erste Schritt in Richtung Veränderung – gelingt leichter, wenn Sie sich einiger Strategien bewusst werden, die Sie sich vielleicht im Laufe der Zeit angeeignet haben, um Ihre Unzufriedenheit zu verschleiern: Nutzen Sie z. B. das Internet während der Arbeitszeit immer mehr, natürlich darauf achtend, dass es keiner merkt? Oder bleiben Sie bisweilen länger, ohne dass es wirklich nötig ist? Vielleicht nehmen Sie auch häufig Arbeit mit nach Hause? Sind Sie manchmal blitzschnell mit den geforderten Aufgaben fertig, ohne dies mitzuteilen? Oder umgekehrt: Dehnen Sie Aufgaben aus, um die volle verfügbare Zeit beschäftigt zu sein? ... Das alles sind Strategien, wie sie auch hochbegabte Kinder häufig praktizieren: Sie werden als engagiert und interessiert wahrgenommen, und in Wirklichkeit langweilen Sie sich und fühlen sich dadurch gestresst.

Was können Sie tun, um der Bore-out-Falle zu entkommen?

Natürlich sollten Sie überlegen, wie Sie die Arbeit interessanter gestalten können. Vielleicht haben Sie schon einmal festgestellt, dass die gleiche Tätigkeit plötzlich wieder interessanter wird, wenn Sie einen anderen Blickwinkel einnehmen? Nur mal als Gedankenexperiment: Was glauben Sie, wie interessant Ihre Leitungsaufgabe für Sie werden könnte, wenn Sie jetzt ein Buch planen würden zum Thema „Die Arbeit mit Portfolio-Technik und die Wirkungen auf Kinder, Eltern, Zusammenarbeit und Netzwerk" – und beginnen würden, zu recherchieren, zu beobachten, zu dokumentieren ... Sie könnten natürlich auch erst mal mit einem Artikel anfangen und einem ganz anderen Thema, z. B. „Die Gründung einer KiTa-Band mit Hortkindern".
Es geht mir hier nicht darum, Sie zum Schreiben zu animieren, das ist wirklich nicht jedermanns Sache. Ich möchte Sie nur anregen, darüber nachzudenken, ob die Veränderung vielleicht gar keine äußere sein muss, sondern auch eine innere sein kann. Vielleicht lohnt es sich auch, über mehrere Tage genau aufzuschreiben, was Sie tun, und anschließend zu analysieren: Wie viel Zeit haben Sie effektiv in die Kern- oder A-Aufgaben der KiTa investiert, wie viel in für Sie sinnentleerte Tätigkeiten? In der sogenannten Midlife-Crisis fragen sich viele Menschen, ob sie im richtigen Beruf gelandet sind. So eine Phase des inneren Bilanzziehens kann sinnvoll sein, die einmal getroffene Wahl bestätigen und vorbeigehen. Sie kann aber auch die Augen öffnen und sich als zu lösendes Problem festsetzen. Im Notfall bleibt nur die Überlegung, sich einen anderen Job zu suchen.

3. Die Langfriststrategie: Das Zeit-Balance-Modell

Vermutlich werden Sie aktiv, wenn Ihr Leidensdruck durch Burn-out oder Bore-out groß genug ist. Versäumen Sie es aber – neben allen kurzfristig angelegten, hilfreichen und entlastenden Maßnahmen – nicht, Ihre Situation auch etwas langfristiger und ganzheitlicher zu betrachten.
Vielleicht haben Sie festgestellt, dass das Bewältigen von Stress – sei er durch Über- oder durch Unterforderung verursacht – auch viel damit zu tun hat, wie Sie insgesamt in Balance sind, ob Sie eine beruflich angespannte Situation in einer Phase privater Glückseligkeit trifft oder Sie dort auch noch Kummer haben. Wir haben bisher ausschließlich den Arbeitsbereich in den Blick genommen, dabei hängt das seelische Gleichgewicht, das Zurechtkommen mit den Anforderungen des Lebens wesentlich auch noch von anderen Faktoren ab. Ganzheitliches Zeit- und Lebensmanagement verfolgt das Ziel, für alle wichtigen Lebensbereiche – Beruf, Beziehungen, Gesundheit und die Frage nach dem Sinn – nicht nur Zeit zu schaffen, sondern diese vier Bereiche auch in Balance zu bringen und zu halten (vgl. Seiwert 2004, S. 59ff.). Wichtige Anregungen für diesen Ansatz gehen auf Nossrat Peseschkian zurück, der in seinen

Das Zeit-Balance-Modell

Gesundheit
Ernährung
Erholung/Schlaf
Hygiene
Entspannung
Fitness

Religion
Liebe
Selbstentfaltung
Balance
Erfüllung
Zukunftsfragen

ZEIT

Schöner Beruf
Karriere
Wohlstand
Vermögen

Freunde
Familie
Zuwendung
Anerkennung

nach Seiwert 2004

transkulturellen Untersuchungen die vier genannten Einflussfaktoren auf die Balance zwischen Berufs- und Privatleben herausgearbeitet hat.

Die verschiedenen Lebensbereiche stehen in Abhängigkeit zueinander, d. h. durch einseitige Beanspruchung z. B. im Bereich Arbeit werden Gesundheit und Kontakte vernachlässigt. Oder bei fehlender Sinnhaftigkeit leidet die Motivation und damit die Arbeit. Allerdings würde eine rein rechnerische Balance (100% : 4 Bereiche = je Bereich 25%) kulturelle wie individuelle Unterschiede außer Acht lassen. Daher gilt es, die individuelle Wohlfühl-Balance für sich herauszufinden und zu realisieren.

Reflexionsfragen:
▪ Was ist Ihre individuelle Wohlfühl-Balance?
▪ Wie passt dieser Soll- zum Ist-Zustand?
▪ Wie können Sie das Gleichgewicht herstellen?

Beispiel: Frau R., Leiterin einer KiTa
In unserem Beispiel investiert Frau R. mehr Zeit als für ihre innere Balance erforderlich wäre in den Bereich „Sinn", indem sie Umweltprojekte durchführt und sich ehrenamtlich im Seniorenbereich engagiert. Sie hat ausgesprochen gute Beziehungen zu Kolleginnen und Freunden, was allerdings mehr Zeit kostet, als ihr guttut. Sie könnte stattdessen mehr Zeit in den Bereich „Gesundheit" investieren, da sie sich erinnert, wie gut es ihr vor ein paar Jahren ging, als sie noch aktiv Sport getrieben hat. Die berufliche Zufriedenheit ist in Ordnung, könnte als Lebensbereich aber noch an Bedeutung gewinnen, um stimmig zu sein.

1. Soll: Meine individuelle Wohlfühl-Balance

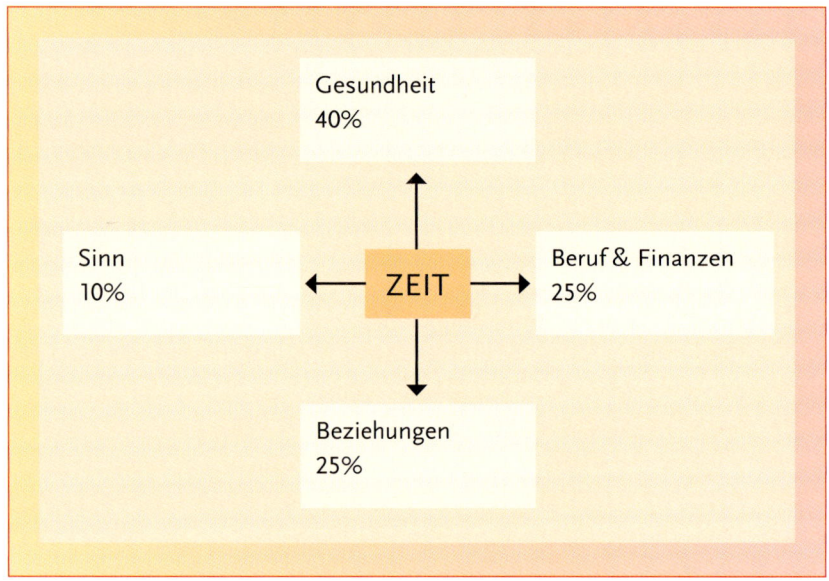

2. Ist: Mein Alltag

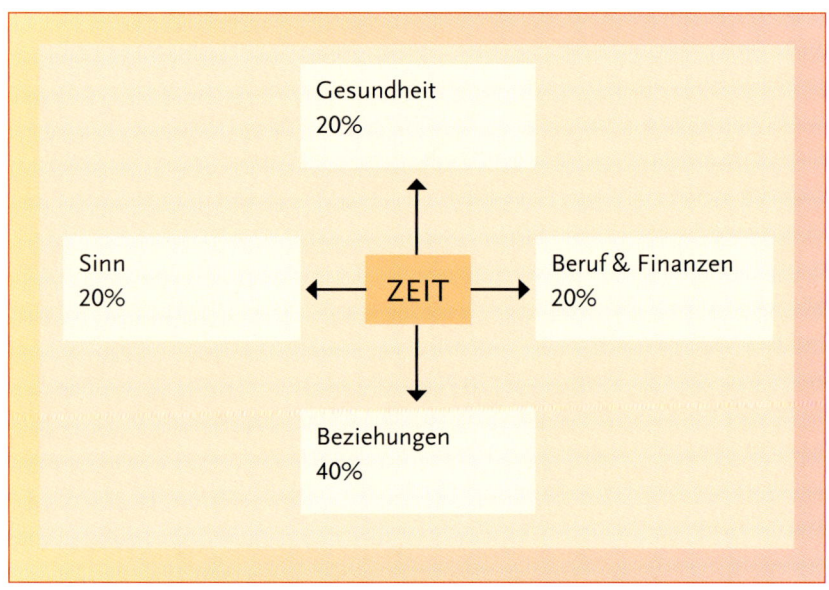

4. Der besinnliche Mini-Urlaub

Die folgende Fantasiereise kann Ihnen dabei helfen, im Alltag zu entspannen und zur Ruhe zu kommen:

1. **Nehmen Sie eine für Sie angenehme Haltung ein.**
   (Ob Sie sitzen oder liegen, ist egal. Auch müssen Sie nicht unbedingt die Augen schließen. Wenn Sie sich etwas abverlangen, ohne dass es im Moment für Sie passt, machen Sie sich neuen inneren Stress!)

2. **Lassen Sie Ihre Gedanken kommen und gehen.**
   (... und wenn es der Einkauf, der Steuerberater oder Sonstiges ist. Alle Gedanken sind erlaubt, aber auch entbehrlich; sie ziehen vorbei wie Wolken am Himmel. Halten Sie nichts fest, aber verbannen Sie auch nichts. Beobachten Sie einfach Ihre Gedanken, ihr Kommen und Gehen.)

3. **Stellen Sie sich einen schönen Ort vor; einen Ort, an dem Sie sich so richtig wohlfühlen.**
   (Wie sieht er aus? Was und wer befindet sich dort – vor, hinter, neben Ihnen? Was hören Sie? Was riechen Sie? Was bewegt sich? Wie groß sind Sie? Wie alt sind Sie? Was für Impulse spüren Sie? ...)

4. **Sie haben Ihr Schutzschild bei sich.**
   (Was ist das für ein Schutzschild? Wie sieht es aus? Wie eine Käseglocke, eine Luftballonhülle, eine Konzertmuschel, ganz geschlossen oder halb? Wie durchsichtig ist es, wie durchlässig? Wie viel Bewegungsfreiheit haben Sie? Wie hört es sich an, wenn etwas von außen darauf landet? Was sehen Sie? Rieselt da etwas herab, springt es weg? ... Schmücken Sie das Bild mit allen Facetten aus, solange Sie Lust haben!)

5. **Überlegen Sie sich einen Gegenstand, der Symbol für diesen Ort und diese Situation sein könnte.**
   (Der Gegenstand sollte nicht zu groß und leicht zu besorgen sein.)

6. **Kommen Sie langsam zurück in die Realität – und besorgen Sie sich Ihren symbolischen Gegenstand.**
   (Wann immer Ihr Traumbild Ihnen zu mehr Abstand zur Realität verhelfen könnte, nehmen Sie den Gegenstand in die Hand oder schauen Sie ihn an. Manchmal hilft schon der bloße Gedanke an das Symbol, um sich an diesen „Mini-Urlaub" zu erinnern, Zugang zu den eigenen Ressourcen und professionellen Abstand von der konkreten Belastungssituation zu bekommen.)

Literatur

- Csikszentmihalyi, M.: Flow im Beruf. Das Geheimnis des Glücks am Arbeitsplatz. Klett-Cotta, Stuttgart 2004.
- Covey, S. R./Merrill, A. R./Merrill, R. R.: Der Weg zum Wesentlichen. Campus, Frankfurt a. M. 2007.
- Fritz, H.: Besser leben mit Work-Life-Balance. Wie Sie Karriere, Freizeit und Familie in Einklang bringen. Eichborn, Frankfurt a. M. 2003.
- Geißler, K. A.: Alles. Gleichzeitig. Und zwar sofort – Unsere Suche nach dem pausenlosen Glück. Herder, Freiburg 2004.
- Graichen, W. U./Seiwert, L. J.: Das ABC der Arbeitsfreude. Techniken, Tips und Tricks für Vielbeschäftigte. Gabal, Offenbach 1997.
- Hallowell, E. M./Ratey, J. J.: Zwanghaft zerstreut. Oder die Unfähigkeit, aufmerksam zu sein. Rowohlt, Reinbek, 2007.
- Kabat-Zinn, J.: Gesund durch Meditation. Fischer, Frankfurt a. M. 2006.
- Katz, P./Schmidt A. R.: Wenn der Alltag zum Problem wird. Belastende Alltagsprobleme und Bewältigungsmöglichkeiten. Verlag für Angewandte Psychologie, Stuttgart 1991.
- Krumbach-Mollenhauer, P./Lehment, T.: Führen mit Psychologie. Wiley-VCH, Weinheim 2007.
- Levine, R.: Eine Landkarte der Zeit. Wie Kulturen mit Zeit umgehen. Piper, München 2003.
- Müller-Klement, K. G./Seiwert, L. J.: Zielwirksam Arbeiten. Technik, Methodik und Praxis des persönlichen Zeitmanagements. expert, Renningen 2004.
- Nussbaum, C.: 300 Tipps für mehr Zeit. Gräfe & Unzer, München 2007.
- Nussbaum, C.: Organisieren Sie noch oder leben Sie schon? Zeitmanagement für kreative Chaoten. Campus, Frankfurt a. M. 2007.
- Riemann, F.: Grundformen der Angst. Reinhardt, München 2006.
- Rothlin, P./Werder, P. R.: Diagnose Boreout. Redline Wirtschaftsverlag, München 2007.
- Schaake, M.: Ende der Uhr. In: Zeitschrift managerSeminare Heft 08/2008.
- Scott, M.: Zeitgewinn durch Selbstmanagement. So kriegen Sie Ihre neuen Aufgaben in den Griff. Campus, Frankfurt a. M. 2001.
- Seiwert, L. J.: Das Bumerang-Prinzip – Mehr Zeit fürs Glück. dtv, München 2004.
- Seiwert, L. J.: Noch mehr Zeit für das Wesentliche. Zeitmanagement neu entdecken. Ariston, München 2006.
- Seiwert, L. J.: Wenn du es eilig hast, gehe langsam. Mehr Zeit in einer beschleunigten Welt. Campus, Frankfurt a. M. 2005.
- Thich Nhat Han: Ich pflanze ein Lächeln. Goldmann-Arkana, München 2007.
- Thomann, C./Schulz von Thun, F.: Klärungshilfe. Bd. 2: Konflikte im Beruf. Rowohlt, Reinbek 2004.
- Watzlawick, P.: Anleitung zum Unglücklichsein. Piper, München 2009.
- Zöllner, U.: Die Kunst, nicht ganz perfekt zu sein. Kreuz, Stuttgart 2001.

Impressum

basiswissen kita management: Wie Sie Ihre Zeit optimal nutzen – Zeitmanagement ist ein Sonderheft von „kindergarten heute – Fachzeitschrift für Erziehung, Bildung und Betreuung von Kindern"

Redaktion
Carolin Küstner (verantw.)

Anschrift der Redaktion
Hermann-Herder-Str. 4
79104 Freiburg
Tel.: 0761/2717-439
Fax: 0761/2717-240
E-Mail: redaktion@kindergarten-heute.de
www.kindergarten-heute.de

Verlag
Alle Rechte vorbehalten – Printed in Germany
© Verlag Herder GmbH, Freiburg im Breisgau 2009
www.herder.de

Fotos
Titelfoto + Fotos S. 7, 18, 31, 34: Hartmut W. Schmidt, Freiburg
Fotos S. 3, 7 (oben), 22, 23, 31: Barbara Mößner, Titisee-Neustadt

Layout
RSRDesign Reckels & Schneider-Reckels, Wiesbaden

Satz und digitale Bearbeitung
RSRDesign Reckels & Schneider-Reckels, Wiesbaden

Druck
fgb · freiburger graphische Betriebe 2009
www.fgb.de

Leserservice
Verlag Herder GmbH
Hermann-Herder-Str. 4
79104 Freiburg
Tel.: 0761/2717-379
     0761/2717-244
Fax: 0761/2717-249
E-Mail: kundenservice@herder.de

Gedruckt auf chlorfrei gebleichtem Papier

Titelnummer 242
ISBN: 978-3-451-00242-7